Die Hausentwässerung

Eine erschöpfende Darstellung über Projektierung,
Bau, Kosten und Instandhaltung

Zum praktischen Gebrauch

Herausgegeben

von

Ingenieur **Max Albert**
beeidigter Sachverständiger bei den Gerichten
des Landgerichtsbezirkes Cöln

Mit Textfiguren, einem Kostenanschlag und einem
lithograph. Entwässerungsplan

Zweite, erweiterte Auflage

München und Berlin
Druck und Verlag von R. Oldenbourg
1917

Vorwort zur ersten Auflage.

Die Veranlassung zur Herausgabe dieses Schriftchens bildete ein Umstand, den der Verfasser wiederholt in verschiedenen Orten gleichmäßig beobachtete.

Fast in allen Städten, welche kanalisieren, treten an die ortsansäßigen Unternehmer, Klempner, Installateure usw. in bezug auf die Anlage der Hausentwässerungen Anforderungen heran, denen so selten genügt werden kann, wie es für die Bedeutung dieser Sache wünschenswert wäre. Einmal sind es die mannigfaltigen, fortlaufenden Neuerungen auf dem Gebiete der Entwässerungstechnik, dann die Ungewohntheit der meisten plötzlich auftretenden Arbeiten und nicht zum mindesten die große Anzahl der zusammen eingehenden Aufträge, die dem Ausführenden keine Zeit zum Studium größerer Werke und Abhandlungen lassen.

Der Verfasser hat es deshalb versucht, in gedrängter Form den ganzen Vorgang einer modernen Hausentwässerung, wie er an die Ausführenden und Eigentümer nacheinander herantritt, möglichst übersichtlich und verständlich darzustellen, um dadurch eine vollständige Anleitung zum Berechnen, Entwerfen und Ausführen solcher Anlagen zu

geben und würde sich freuen, wenn das vorliegende
Schriftchen seinen Zweck erfüllt. Der Hauptwert ist
auf die konstruktiv richtige Anlage der Hausentwässerung gelegt; daher sind Luxusanlagen in ihren
Äußerlichkeiten — wie solche in großen Hotels,
Sanatorien usw. zur Ausführung gelangen — nicht
beschrieben.

K ö l n , im Mai 1907.

Der Verfasser.

Vorwort zur zweiten Auflage.

Die Herausgabe der zweiten Ausgabe macht eine erhebliche textliche Erweiterung einzelner Kapitel, sowie die Neueinordnung einer Reihe Figuren notwendig.

Die günstigen Urteile der Fachpresse, sowie die Zuschriften aus dem Leserkreise gaben zu erkennen, daß die Einteilung und Bearbeitung der Kapitel sich als recht übersichtlich erwiesen hat und ist dieselbe daher auch beibehalten worden.

Die Zuschriften aus dem Leserkreise haben mich sehr interessiert, und danke ich an dieser Stelle. Besonders dankbar bin ich Herrn Ing. Phil. Götz, Wiesbaden für verschiedene wertvolle Anregungen.

Seit dem Erscheinen der 1. Auflage sind wiederum erhebliche Neuerungen auf dem Gebiete sanitärer Einrichtungen zu verzeichnen. Auch diesmal sind diese Entwässerungs-Ausrüstungsgegenstände nicht beschrieben, da heute fast jede größere Stadt ständige Ausstellungen dieser Artikel unter der Leitung von Fachleuten hat, welche allen Wünschen in bezug auf äußerste Sauberkeit und Eleganz der Einrichtung Rechnung tragen können.

Das vorliegende Buch will lediglich die konstruktiv richtige Anlage einer Hausentwässerung in allen Punkten klarstellen.

Nicht unterlassen möchte ich, dem Verlag R. Oldenbourg, München und Berlin, an dieser Stelle für das jederzeit bewiesene Entgegenkommen zu danken.

K ö l n , im Juli 1916.

Der Verfasser.

Inhalts-Verzeichnis.

Projekt einer Hausentwässerung.

I. Einleitung.

An alle Städte und Gemeinden tritt früher oder später die Frage einer einheitlichen Entwässerung (Kanalisation) heran. Die stetig zunehmende Bevölkerung bedingt an sich schon die Ableitung der entstehenden Abwässer auf dem kürzesten und besten Wege, um Krankheiten fernzuhalten und die Straßenzüge und Grundstücke von Regen- und Schneewasser zu befreien.

Ein weiterer Vorteil einer einheitlich durchgeführten Entwässerung ist noch die erheblich gesteigerte Verkehrsfreiheit, da offene Gruben, Überbrückungen usw. in Fortfall kommen; sodann wird durch die Entwässerung auch eine Tieferlegung des Grundwassers und damit ein trockener Baugrund erzielt.

Die in Frage kommenden Verwaltungen sind sich denn auch der hohen Bedeutung der Ortsentwässerung wohl bewußt und führen die letztere meist mit großen Opfern in der sorgfältigsten Weise durch.

Während dies nun besonders auf die Entwässerung der Straßenzüge durch die Stadt selbst zutrifft, läßt die Ausführung der Hausentwässerungsanlagen vielfach zu wünschen übrig.

Dabei sei von vornherein bemerkt, daß der w i c h t i g s t e   Z w e i g   einer   e i n h e i t l i c h d u r c h g e f ü h r t e n   E n t w ä s s e r u n g   die sachgemäße A n l a g e   d e r   e i n z e l n e n   H a u s - e n t w ä s s e r u n g e n ist. Die Herstellung dieser Anschlüsse liegt in der Hand des Hausbesitzers bzw. des mit der Ausführung betrauten Unternehmers. Bei der Menge der einlaufenden Projekte kann die Kontrolle seitens der Stadt nicht immer so gehandhabt werden, wie dies im Interesse einer später gut funktionierenden Anlage nötig wäre; daher ist es unbedingt erforderlich, daß sich die Beteiligten selbst mit dem Wesen der Hausentwässerung gründlich vertraut machen.

Weiß auch der Hausbesitzer über die Anlage und Instandhaltung seiner Hausleitung Bescheid, so wird er später nötig werdende Veränderungen ohne große Kosten vornehmen lassen oder bei Verstopfungen usw. sofort selbst Abhilfe schaffen können.

Zur Durchführung einer einheitlichen Entwässerung ist es wichtig, daß man seine Hausentwässerung nur einem gewissenhaften Fachmann überträgt, der auch genau nach den meistens feststehenden Vorschriften der Stadt- oder Gemeindeverwaltung arbeitet.

Das beste Material und die exakteste Arbeit sind gerade gut genug, da Änderungen infolge minderwertigen Materials oder falscher Anlage mit erheblichen Kosten und sonstigen Unannehmlichkeiten verbunden sind.

Das vorliegende Buch soll daher in erster Linie allen Eigentümern, die kanalisieren müssen, und auch speziell allen Unternehmern, Installateuren usw. Aufschluß über die in neuerer Zeit erlassenen Be-

stimmungen und deren Anwendung geben; anderseits soll es auch zeigen, wie man die Anlage in Betrieb zu behandeln hat.   Auf die Anlage der Bewässerung (Wasserleitung) wird in der vorliegenden
Abhandlung — als zu weit führend — nicht einge-
gangen; es wird jedoch als selbstverständlich vorausgesetzt, daß eine rationelle Entwässerungsanlage nur
möglich ist, wenn gleichzeitig die Bewässerung aller
in Betracht kommenden Grundstücke erfolgt. Aus-
führliche Auskunft geben auch hier die bekannten
größeren Abhandlungen über Städtereinigung, insbesondere auch das Handbuch der Architektur,
III. Aufl., Teil 3, Band 5

Zum Schluß sei noch darauf hingewiesen, daß
das vorliegende Buch auch auf alle in den letzten
Jahren erlassenen Bestimmungen gebührende Rücksicht nimmt.

1*

II. Projektierung.

a) Allgemeines.

Bei Neukanalisationen werden die Eigentümer meist auf Grund einer Polizeiverordnung seitens der Gemeinden durch Schreiben oder öffentlich durch die Zeitungen straßenweise aufgefordert, innerhalb einer bestimmten Zeit (in der Regel 6 Wochen) mit der Ausführung der Anlage zu beginnen.

Bis zu diesem Termin ist dem Magistrat ein Projekt über die geplante Anlage einzureichen, das den unten angeführten Bestimmungen entsprechen muß.

Zu diesem Zwecke setzt sich der Eigentümer am besten mit einem am Platze ansässigen, tüchtigen Fachmann in Verbindung, der auf Anfordern sich die nötigen Höhenangaben von der Stadt verschafft, die Zeichnungen anfertigt und dem Magistrat einreicht.

Im allgemeinen muß eine Entwässerungszeichnung enthalten:

1. Die Lage des Grundstückes usw. im Maßstab 1 : 500.
2. Die Grundrisse der untersten bzw. der Kellergeschosse im Maßstab 1 : 100.

3. Einen Durchschnitt durch die Leitung im Maßstab 1:100 mit Angabe der Lage des Straßenkanals sowie der auf Normalnull bezogenen
Höhenangaben der Leitungen, des Straßenkanals, der Kellersohlen und des Geländes
nach Maßgabe der hierzu amtlich erteilten Auskunft.

4. Das Entwässerungsprojekt selbst, welches in
die Zeichnungen 1 bis 3 klar und verständlich
eingetragen sein muß unter Angabe der
Weiten, der Gefälle und des Materials der
Rohre,

5. Bei größeren Anlagen ein zweckentsprechender
Erläuterungsbericht.

Ferner sind noch einzutragen die Anzahl
und Art der Eingüsse und die Entfernung des
Austrittes des Anschlußkanals von der Nach-
bargrenze.

In dem Entwurf sind im allgemeinen vorhandene
Anlagen schwarz, Neuanlagen farbig, also

Eisenteile — blau
Steinzeugrohre — braun
Bleirohre — gelb
Zinkrohre — zinnoberrot

darzustellen. Die Prüfungsfarbe Grün darf nicht verwendet werden.

Die vorzulegenden Zeichnungen (Größe 21:33 cm
oder ein Vielfaches) müssen in doppelter Ausfertigung
— ein Exemplar auf Pausleinen — eingereicht werden
und noch enthalten:

a) die Unterschrift des Eigentümers oder dessen
Vertreters;

b) den Namen der Straße, in welcher das Grundstück liegt, und die Hausnummer;

c) den Namen des Unternehmers, welcher mit der
   Ausführung betraut werden soll;
d) eventl. die von der Stadt vorher beschaffte
   schriftliche Höhenangabe.

Die Genehmigung der Ausführung erfolgt in
meist kurzer Frist durch schriftliche Zustellung
seitens des Magistrats.

Glaubt ein Eigentümer aus triftigen Gründen
die Gewährung einer kürzeren oder längeren Frist
zur Anfertigung der Zeichnung oder zum Beginn der
Entwässerungsarbeiten beantragen zu müssen, so
trage er dem Magistrat sein Gesuch schriftlich rechtzeitig vor.

b) Herstellung der Entwässerungszeichnung.

Jedes zu entwässernde Grundstück ist v o l l -
s t ä n d i g   g e t r e n n t   v o n d e m N a c h b a r -
g r u n d s t ü c k e in die Bearbeitung zu nehmen.
Als Projektunterlagen sind zu beschaffen:

1. Die Lage des Straßenkanals, an welchen der
Anschluß erfolgen soll, im Grundriß als auch im
Längsschnitt, bezogen auf die Grundstücksgrenzen.

Aus diesen Angaben muß auch das Gefälle sowie
die Höhenlage des Straßenkanals und der Straßen-
krone hervorgehen.

2. Die Lage der sonstigen im Bereiche der Entwässerung liegenden Leitungen, insbesondere die
Gas-, Wasser- und Elektrizitätsleitungen.

3. Die Höhe der Wasserspiegel in dem Straßenkanal bzw. die Überdruck- bzw. Rückstauhöhe bei
plötzlichen Niederschlägen oder beim Spülen zwecks
Berücksichtigung der hierdurch unter Umständen entstehenden Rückstaugefahr für die tiefste Ablaufstelle.

Soweit wie möglich sind diese Angaben an Ort und Stelle nachzuprüfen. Falls dieselben mit der Wirklichkeit nicht übereinstimmen, ist vor Inangriffnahme des Projektes der Behörde Mitteilung zu machen und die Richtigkeit der Angaben herbeizuführen. Bei Unterlassung der örtlichen Nachmessung der Lage und Höhe des Anschlußstutzens kommt es nicht selten vor, daß das ganze Projekt eine Umänderung erfahren muß und dadurch die Herstellung unliebsam verzögert wird.

Weiter ist es unbedingt erforderlich — abgesehen von Grundstücken mit ganz geringer Tiefe — ein Flächen-Nivellement aufzunehmen, aus welchem die verschiedenen Terrainhöhenpunkte an den interessierenden Stellen ohne weiteres ersichtlich sind.

Bei der folgenden Beschreibung handelt es sich um die gemeinsame Abführung von Schmutz- und Regenwasser (Mischsystem). Es ist dies der gewöhnliche Fall. Bei getrennter Abführung (Trennsystem) soll das Regenwasser in die dafür bestimmten Rinnen oder Kanäle, das Brauchwasser in die Schmutzwasserkanäle gelangen. Beim Trennsystem ist darauf zu achten, daß die getrennte Abführung auch möglichst auf dem Grundstücke durchgeführt wird, da einerseits die Niederschlagswasser die Kläranlage zu sehr belasten, andererseits sonst Schmutzwasser in den Regenkanal gelangen, was den Zwecken des Trennsystems nicht entsprechen würde.

An dieser Stelle sei noch bemerkt, daß man den Hauskanälen auch bei getrenntem System dieselben Querschnitte gibt wie beim Mischsystem.

Unter Zuhilfenahme vorhandener Baupläne, welche man durch Nachmessen auf ihre Richtigkeit bzw. Vollständigkeit geprüft und ergänzt hat, trägt man nunmehr das Grundstück einschließlich aller bestehenden oder noch zu errichtenden Baulichkeiten, insbesondere auch aller bestehenden Brunnen, Jauche- oder sonstigen Gruben, im Grundriß ein, ferner auch alle im Freien liegenden Treppen, Gänge, Podeste und alte Kanäle und bezeichnet dieselben entsprechend. Hier ist zu beachten, daß für die weiteren Eintragungen im Projekt folgende e i n h e i t l i c h e n Bezeichnungen gelten sollen: l i e g e n d e Leitungen werden mit A b l e i t u n g e n bezeichnet, welche in Haupt- und Nebenableitungen geteilt werden können; s t e h e n d e Leitungen werden mit F a l l r ö h r e n bezeichnet, welche in Haupt- und Nebenfallröhren getrennt werden; gebogene Röhren mit Halbmessern von 500, 1000 und 2000 mm heißen B o g e n r ö h - r e n , solche mit Halbmessern von zwei Rohrdurch- messern K n i e r ö h r e n. Ferner soll gesetzt werden:

> F u ß b o g e n anstatt Krümmer,
>
> V e r b i n d u n g e n anstatt Abzweigungen,
>
> B o g e n v e r b i n d u n g e n anstatt Pfeifen- köpfe,
>
> S p r u n g r o h r e anstatt Etagenbögen,
>
> Ü b e r g a n g s r ö h r e n anstatt Reduktionen,
>
> Ü b e r m u f f e n anstatt Überschieber.

Mit Bezug auf das schon aufgestellte Flächen- nivellement bezeichnet man nunmehr alle Fußböden, Podeste, Brunnensohlen, Abortgrubenböden mit den dazugehörigen Höhenzahlen, so daß ein vollständig klares Bild bezüglich der Höhenlagen sämtlicher in Betracht kommender Stellen im Grundriß entsteht. An die geeigneten Stellen trägt man dann die Lage der Regen-, Klosett-, Bade- und eventuellen sonstigen Fallrohre ein, bezeichnet weiter alle Bodeneinläufe der Waschküche, Spülküche, Bierkeller usw. Dabei sind alle Fallrohre außer den Regenrohren so einzutragen, daß dieselben im Innern möglichst nahe an die Außenwände — aber frostsicher — zu liegen kommen. Schleifungen sind tunlichst zu vermeiden, die Rohre vielmehr gerade bis in das Kellergeschoß herunter und in frostsicherer Tiefe (1 bis 1,20 m) direkt ins Freie zu führen.

Bodeneinläufe haben an der tiefsten Stelle des zu entwässernden Raumes zu liegen, damit ein allseitiges Gefälle des Fußbodens erzielt werden kann.

Abwässer, sowie auch Regenwasser, dürfen auf keinen Fall gemeinschaftlich oder nach den Nachbargrundstücken abgeleitet werden; hierauf ist bei der Projektzeichnung besonders zu achten.

Mit der Herstellung einer neuen Entwässerungsanlage sollen alle Versickerungen fortfallen. Ausnahmen können nur da zugelassen werden, wo das Terrain nach der Tiefe zu so stark abfällt, daß infolge seiner tiefen Lage ein Anschluß an den Straßenkanal sich nicht ermöglichen läßt. Hier wären Ausnahmen auf Widerruf am Platze.

Solche Versickerungsgruben müssen mindestens im Lichten 1 m weit und so tief angelegt sein, daß das zu versickernde Wasser nirgends — weder in den Keller noch an der Oberfläche des eigenen oder der vielleicht noch tieferliegenden Oberfläche der Nachbargrundstücke — zum Austreten gelangen kann. Die Stelle zur Anlage der Versickerungsgrube muß so gewählt sein, daß die Grube ihrem Zwecke entspricht. Der Ausbau erfolgt in der Weise, daß man die Grube von unten her mit großen Steinen und nach oben hin mit immer kleineren Steinen, Kleinschlag, Schotter, bis über die einmündende Rohrleitung ausfüllt und dann mit Erde abdeckt.

Sickergruben sollen lediglich Regenwasser aufnehmen, das nicht in die Hauskanäle abfließen kann.
Verbrauchswasser jeglicher Art, einschließlich des
Regenwassers der Dachflächen, sollten in keinem
Falle der Sickergrube, sondern dem Hauskanal zugeführt werden, auch wenn das Schmutzwasser aus
tiefliegenden Räumen auf die erforderliche Höhe
gepumpt werden müßte.

Bei Verteilung der Hofeinläufe ist auch noch
darauf zu achten, daß bei Grundstücken, welche
nach der Straße oder den Nachbargrundstücken abfallen, ausreichende Vorkehrungen getroffen werden,
die es verhindern, daß Abwässer sowie Sand und
Schlamm aus dem zu entwässernden Grundstück auf
die Straße oder das Nachbarterrain gelangen können.

Regenabfallrohre legt man am besten so, daß
dieselben in die Nähe des Hauptstrangs kommen und
zur Ventilation der Grundleitungen
dienen.   Solange die Linienführung dadurch nicht
beeinträchtigt wird, ist es sehr zweckmäßig, die
Grundleitungen der Regenrohre oberhalb der seitlichen Einmündung von Klosett- und Küchenleitung
an den Hauptstrang oder unmittelbar unterhalb der
Fallrohrfußkrümmer derselben in die Klosett- oder
Küchengrundleitung einzuführen.

Regenrohre als Ventilationsrohre sollen so angelegt sein, daß sich dieselben in einer Entfernung von
wenigstens 2 m vom nächsten Fenster oder 1 m darüber befinden.

Als Fenster zählen in diesem Falle alle Wand-
oder Dachöffnungen bewohnter Räume, einschließlich
des Treppenhauses.

Selbstverständlich dürfen auch Balkone nicht
in ventilierende Regenrohre eingeführt werden.

Können die angeführten Mindestentfernungen für die oberen Einmündungen der Regenfallrohre nicht eingehalten werden, so ist von der Ventilationsmöglichkeit der betreffenden Rohre abzusehen. Nötig wird dann am unteren Ende eines jeden Regenabfallrohres ein Geruchverschluß in Form eines Regenrohrsandfanges mit Siphon, welcher außerhalb des Gebäudes liegt und periodisch gereinigt werden muß.

In diesem Falle ist eine Entwässerung der Balkone in die so von der Kanalluft abgeschlossenen Regenfallrohre statthaft.

Zu weit entfernt liegende Balkone erhalten besondere Abfallrohre, welche in allen Fällen mit frostsicherem Geruchverschluß versehen sein müssen.

Dieser Geruchverschluß muß aber stets, um seinen Zweck erfüllen zu können, die erforderliche Menge Wasser enthalten. Da aber eine Erneuerung des Wassers von den Balkonen aus meist ungenügend erfolgt und das Wasser anderseits auch in dem kleinen Geruchverschlusse häufig verdunstet, so ist es zweckmäßig, das besonders heruntergeführte Balkonrohr unter Terrain in frostsicherer Tiefe mittels 10 cm starker Grundleitung an den nächsten Hofsinkkasten oder Regenrohrsandfang anzuschließen, in welchem das ununterbrochene Vorhandensein genügenden Wassers für den Geruchverschluß sowie eine öftere Erneuerung desselben durch Niederschlagswasser gewährleistet ist.

Regenrohrsandfänge können bei entsprechender Weite, 20 bis 30 cm im Lichten, und wenn solche mit geeigneten Schlamm- bzw. Sandfangeimern versehen sind, auch gleichzeitig zur Entwässerung kleiner Flächen dienen. In diesem Falle werden die Regenrohrsandfänge mit einem kleinen Einlaufrost versehen.

Für größere Flachen sieht man einen oder mehrere Hofsinkkästen vor Dieselben sollen eine Lichtweite von 30 cm haben. Hofsinkkasten von größerer Lichtweite sind unpraktisch, da das Herausnehmen des Schlammeimers zu viel Arbeitskrafte erfordert Die darauf liegenden Roste müssen schwererer Qualität mit darangegossenem Trichter und starken Rahmen sein. Leichte Roste geraten beim Darauftreten leicht aus ihrer Lage und halten auch meistens den Verkehr nicht aus

Regenrohr- und Hofsinkkasten, die mehr als einen Rohrstrang aufnehmen, müssen mit den entsprechenden Einläufen versehen sein, ein Anhauen des Sinkkastens ist gänzlich unstatthaft.

Bei dem Einzeichnen der Hof-Regenrohrsinkkästen, der Fettfange, der Bodenablaufe und Ausgüsse in Waschküchen und Keller hat man darauf zu achten, daß dieselben so hoch liegen, daß bei eintretendem Ruckstau aus dem Straßenkanal, etwa während bzw nach heftigen Niederschlagen, Kanalwasser nicht zum Austreten gelangen kann

Ist diese Hohenlage für alle tiefen Ausgusse nicht zu ermoglichen, so muß man in die Ableitungsstränge der nicht ruckstausicheren Bodenablaufe unmittelbar unterhalb letzterer leicht zugangliche Absperrvorrichtungen (Rückstauverschlusse) vorsehen Hierfür werden meist die sog Hochwasser-Verschlußschieber (s. d) verwendet In den meisten Fallen wird jedoch die Instandhaltung vernachlassigt, so daß bei unerwartet eintretendem Ruckstau die Schieber nicht dicht abschließen und das Ruckstauwasser in den Keller dringt

Vielfach wissen die Hausbewohner mit der Bedienung der Schieber, ob offen oder geschlossen, nicht

Bescheid trotz des meist angebrachten Orientierungs-
pfeiles auf der Handscheibe.

Es werden deshalb vielfach auch automatische
Rückstauverschlüsse mit Erfolg verwendet, die unter
»Rückstauverschlüsse« besonders beschrieben sind.
Diese Verschlüsse müssen immer so angebracht
werden, daß durch dieselben nur Bodenabläufe und
nicht etwa auch Fallrohrleitungen irgendwelcher Art
abgesperrt werden.

Rückstauschieber sind nur nach Bedarf zu öffnen,
sonst stets geschlossen zu halten. Automatische Verschlüsse sind peinlich sauber zu behandeln, damit dieselben bei einer Rückstaugefahr nicht versagen. Im
Handel existiert auch noch eine Kombination zwischen Klappe und Schieber, welche zu empfehlen ist.

In Räumen, welche der Rückstaugefahr nicht
ausgesetzt und vor Frost genügend geschützt sind,
werden lediglich kleine gußeiserne Sinkkästen, die
im Handel preiswert zu haben sind, verwendet.

Wurstküchen, Restaurationsbetriebe usw. erhalten Fettfänge (s. d.) und werden so entwässert,
daß ein eiserner Sinkkasten entsprechender Größe,
mit Geruchverschluß als Bodeneinlauf genommen
und die gußeiserne Ablaufleitung einem möglichst
im Freien eingebauten Fettfang von ausreichender
Größe, der entlüftet sein muß, zugeführt wird. Es
bezieht sich dies jedoch nur auf normale Fälle.
Größere Betriebe, die Fettstoffe abführen, sind
mit besonders konstruierten größeren Fettfängen
zu versehen, die in zuverlässiger Konstruktion im
Handel zu haben sind.

Grundwasserdrainagen dürfen nicht angeschlossen
werden, da gewöhnlich das Fassungsvermögen der
hierfür in Betracht kommenden Sammelkanäle da-

durch beeinträchtigt wird. Auch muß befürchtet werden, daß durch möglichen Rückstau das Schmutzwasser den Untergrund verseucht.

Kommt dennoch ein Fall vor, in dem es nicht umgangen werden kann, eine Dränage an die Entwässerung anzuschließen, so darf dies ausnahmsweise und nur unter Einschaltung eines Sandfanges und nötigenfalls eines selbsttätigen guten Rückstauverschlusses zwischen jenem und dem Kanalrohr unmittelbar vor der Einmündungsstelle stattfinden.

Für Wein- und Bierkeller, welche oft so tief liegen, daß der Fußboden derselben nicht mehr entwässert werden kann, sind Sammelbehälter von nicht zu großem Fassungsraum (ca. 1 cbm) mit Pumpvorrichtung zu empfehlen.

Solche Sammelbehälter müssen jedoch durchaus wasserdicht, auf dem Boden mit einem Sumpf zur Aufnahme des Saugkorbes der Pumpvorrichtung und mit einer luftdichten Abdeckung versehen sein. Die Pumpe, gewöhnlich eine Flügelpumpe (Handpumpe) oder Handkolbenpumpe, wird seitlich an der Wand befestigt und mit einem entsprechend weiten Saug- und Druckrohr (galvan. Eisenrohr) von 25 bis 40 mm Durchmesser im Lichten verbunden. Das Saugrohr wird vom Saugkorb aus unter dem Fußboden her an die Pumpe geführt. Das Druckrohr geht von der Pumpe aus an der Wand in die Höhe und mündet in einen Ausguß, der so hoch angebracht ist, daß derselbe an die Hausentwässerung angeschlossen werden kann und auch ein Austreten von Rückstauwasser verhindert.

Die Verwendung kleiner Dynamo-Zentrifugalpumpen an Stelle der Flügelpumpen hat sich bis jetzt am bequemsten und praktischsten bewiesen. Hierbei

lassen sich Vorkehrungen treffen, die bei einer bestimmten Höhe des Wasserspiegels im Sammelbehälter die Pumpe selbsttätig in Gang setzen und
nach Entleerung des Behälters auch wieder abstellen
können.

Solche Pumpvorrichtungen dürfen aber nicht
direkt mit der Hausentwässerung in Verbindung gebracht werden, sondern es darf dies nur indirekt
durch Zwischenschaltung eines besonderen gegen
Rückstau gesicherten Ausgußbeckens mit Geruchverschluß geschehen.

An Stelle des Ausgußbeckens kann auch ein
Regenrohr-, Fett- oder Hofsandfang benutzt werden;
doch muß dieser alsdann oben mit einem Rost ver-
sehen sein, damit die Luft hinzutreten kann. Diese
Anordnung sowohl als auch die oben beschriebene
Zwischenschaltung soll verhindern, daß infolge des
Pumpens benachbarte Geruchverschlüsse leer gesaugt
werden.

Die Zuleitung des Brauchwassers nach den
Sammelbehältern in den Wein- und Bierkellern geschieht mittels besonderer offener Rinnen und Bodenabläufe. Das Wasser sammelt sich in den Rinnen,
wird von den Bodenabläufen an mehreren Stellen
aufgenommen und durch Rohrleitungen in den
Sammelbehälter geleitet. Eine Ventilierung des
letzteren ist stets zu empfehlen. Es sei hier noch bemerkt, daß gewöhnliche Schornsteine, Luftkamine
u. dgl. unter keinen Umständen zur Ventilation von
Entwässerungsgegenständen benutzt werden dürfen,
sondern es sind solche Ventilationen nur mittels luft-
dichter, am besten gußeiserner Rohre herzustellen.

Sind endlich in dem Plane alle Hofsandfänge und
sonstige Bodenabläufe, Fettfänge usw. bestimmt,

dann werden in den Grundriß der verschiedenen
Stockwerke die erforderlichen Klosetts, Küchenausgüsse (Spülsteine und Schmutzwasserausgüsse),
Bäder und Waschtische angeordnet, und zwar am
zweckmäßigsten in der Weise, daß sämtliche Klosetts,
Ausgüsse, Bäder und auch die Waschtische der Reihe
nach übereinander unmittelbar neben die betr.
zugehörigen Fallrohre gesetzt werden. Im Dachgeschoß wird gewöhnlich noch ein Klosett und ein
Ausguß (mit Zapfhahn) für die daselbst schlafenden
Dienstmädchen und unter dem Erdgeschoß in halber
Höhe des Kellergeschosses (aber rückstausicher)
noch ein Klosett für Arbeitspersonal vorgesehen.
Dieses letztere Klosett wird praktisch direkt vom
Hof aus zugänglich gemacht. Klosetts und Bäder erhalten je ein besonderes Fallrohr, während Spülstein, Schmutzwasserausguß und Waschtisch je nach
Zahl und Lage ein gemeinsames Fallrohr erhalten
können.

Bei kleineren Verhältnissen ordnet man so viel
Ausgüsse an, daß jede Haushaltung einen Ausguß
in demselben Stockwerk erhält, in dem sich die Wohnung befindet.

Klosetts ordnet man unter solchen kleinen Verhältnissen so an, daß je zwei Familien ein solches zur gemeinschaftlichen Benutzung angewiesen werden kann.

Der normale Fall verlangt für jede Familie ein
Klosett und mindestens ein Ausgußbecken.

An Klosettfallrohren sollen außer Klosetts
andere Entwässerungsgegenstände nicht angeschlossen werden. Zulässig sind nur Pissoiranschlüsse, die
mit ausreichendem Wasserverschlusse versehen sind.

Zu den Fallrohren verwendet man gußeiserne,
halbschwere Eisenrohre, neuerdings hauptsächlich

»Deutsche Normal-Abflußröhren 1903«, sog. D. NA-
Rohre oder »Normal-Abflußröhren« laut Minist.-
Verf. von 1912, sog. NA-Röhren.
Sog. schottische Rohre sind wegen ihrer geringen
und häufig ungleichen Wandstärke zerbrechlich und
bersten leicht. Auch ist die Verdichtung, die mit
Strick und Kitt geschieht, unzulänglich. Zink- und
Bleirohre sind ganz zu vermeiden. Beide werden
verbogen und verbeult und können leicht angebohrt
werden.

Hinsichtlich der Dimensionen wählt man für
Klosettabfallrohre 125 mm Durchmesser, wobei stets
zu beachten ist, daß ein weiteres niemals in ein engeres
eingeführt werden darf. Dies gilt auch für Ablaufstutzen von Ausgüssen jeglicher Art. Sämtliche Fallrohre müssen in gleicher Weite bis unter Dach geführt werden. Über Dach wird meistens Zinkrohr
verwendet, das in die Eisenrohrmuffe paßt, also
über Dach noch eine etwas größere Lichtweite hat.
Hierbei sind Abweichungen von der möglichst lot-
rechten Führung tunlichst zu vermeiden. Eine Schlei-
fung für eine kurze Strecke soll in derselben Leitung
nur einmal und dann nicht unter 45° Neigung gegen
die Horizontale hergestellt werden.

Die Grundleitungen sollen eine gefällige Linienführung haben und das bestmögliche Gefälle erhalten. Hierbei muß darauf geachtet werden, daß Durch-
führungen der Leitungen durch Mauern bei Um-
fassungswänden möglichst unter den Wandöffnungen
liegen und daß überall eine frostfreie Lage gesichert
ist. Die Ableitungen der Hof- und Regenrohrsandfänge erhalten unmittelbar hinter denselben einen
kleinen Absturz, der gewöhnlich mit zwei Bogen hergestellt wird.

Als Hauptableitung ergibt sich gewöhnlich derjenige Strang, der, vom Einlaßstück im Straßenkanal bzw. vom Revisionsschacht aus der Rohrleitung entlang gemessen, den entferntest liegenden Punkt zu entwässern hat, infolgedessen auch fast stets das ungünstigste Gefälle erhält. Im Grundriß legt man diese Hauptableitung so, daß sie möglichst in die Mitte zwischen die angeordneten Hofsinkkästen, Bodenabläufe usw. kommt, damit die Nebenableitungen möglichst kurz werden und infolgedessen günstige Gefälle erhalten.

Nun wird untersucht, ob die Hauptableitung das meistens vorgeschriebene Gefälle von 1 : 50 und jede übrige Nebenableitung ein günstigeres oder mindestens dasselbe Gefälle wie die Hauptableitung erhalten kann.

Die Gefälle der Hauptableitung wie auch die der Nebenableitungen sollen im allgemeinen gleichmäßiges Gefälle erhalten. Bei verschiedenen Gefällen gibt man den Ableitungen von den Fallröhren an die stärksten und nach unten hin schwächere Gefälle. Man will dadurch eine genügende Schwimmtiefe erhalten und ein Trockenlaufen der Ableitungen vermeiden. Je nach der Lage des zu entwässernden Grundstückes ist die Verteilung des Gefälles in der oben beschriebenen Weise nicht immer zu erreichen; dann wird die Differenz durch zugängliche Abstürze in den Leitungen ausgeglichen. Es richtet sich dies nach der Höhenlage der verschiedenen Anschlußpunkte der Entwässerungsgegenstände, die sich dem Gelände anpassen, aber immer frostfrei liegen müssen.

Gewöhnlich verwendet man für die Hauptableitung und die Klosettanschlüsse, soweit dieselben außerhalb der Gebäude liegen, Steinzeugrohre von

150 mm und für die Seitenstränge Steinzeugrohre von 100 mm Durchmesser im Lichten. Liegen die Kellersohlen in bezug auf das Einlaßstück am Straßenkanal hoch genug, so ist es ratsam, die Hauptableitung gleich entsprechend tief unter die Kellersohle (vorn ca. 1 bis 1,5 m mit einem Gefälle von 3 bis 2%) zu projektieren, da dann für die Kellereinläufe ein ausreichendes Gefälle zur Hauptableitung bleibt und auch andere tiefliegende Räume im hinteren Teil des Grundstückes früher oder später gut entwässert werden können.

Liegen die Keller sehr tief, so daß unter den Kellerfußboden nicht mehr hindurchgegangen werden kann, so müssen die Grundleitungen über den Fußboden an den Wänden entlang geführt werden. Hierzu wählt man am besten Wände ohne Türöffnungen (Giebelwände). Von einer schönen Linienführung muß dann oft abgewichen werden, da belastete Pfeiler usw. nicht durchbrochen werden sollen. Die Rohrleitungen werden an den Wänden und Decken mittels kräftiger, verstrebter Rohrschellen und Konsolen in der Mitte und an den Muffen eines jeden Rohres befestigt; es dürfen nur gußeiserne Normal-Abflußrohre zur Verwendung kommen. Rechtwinklige Bogen und Abzweigungen sind zu vermeiden.

Die Hauptableitungen und Klosettstränge werden wiederum 150 mm l. W. gewählt, während die Seitenstränge 100 m l. W. erhalten. Überall da, wo Grundleitungen durch Schächte, Brunnen, offenbleibende Gruben, Gänge usw. gehen, sind dieselben auf die betr. Länge ebenfalls in gußeisernen Normal-Abflußröhren herzustellen.

Als Grundleitungen gelten in solchen Fällen alle Leitungen, die unter Terrain bzw. Erdgeschoßfußboden unter 45° Neigung hergestellt werden.

2*

Zur bequemen jederzeitigen Kontrolle der Anschlußleitungen zwischen Grundstücksgrenze und Straßenkanal wie auch zur Kontrolle der Hausleitungen ist unmittelbar hinter der Grundstücksgrenze im Innern des Grundstückes ein Revisionskasten in die Leitung einzubauen.

Geht die Grundleitung unter der Kellersohle her, so wird dieser Revisionskasten von einem gemauerten Schacht in lichten Abmessungen von $100 \div 70$ cm aufgenommen, welcher mit einer Abdeckung versehen wird.

Bedingung ist, daß der Revisionskasten jederzeit leicht zugänglich ist. Insbesondere ist zu vermeiden, daß derselbe durch Brennmaterialien, Kartoffeln usw. verdeckt wird.

Bei von der Straße aus stark ansteigendem Gelände und großer Tiefenlage des Straßenkanals ist es wegen der großen Ausschachtungstiefe und der Gebäudesicherheit oft nicht zu vermeiden, daß das Gefälle des Hauptstranges nach oben gebrochen wird. In diesem Falle geht man mit dem Gefälle des Hauptstranges vom Straßenkanal aus, so steil wie notwendig und möglich bis zum Revisionsschacht und legt den nach oben gerichteten Gefällebrechpunkt an diese Stelle.

In Städten, wo die Stadtverwaltung die Straßenanschlußleitungen bis zum Revisionsschacht selbst ausführt, wird die Höhenlage des Revisionsschachtes meist vorher im Einverständnis mit dem Hausbesitzer planmäßig festgelegt.

Geht die Hauptableitung nicht durch den Keller, sondern etwa seitlich am Gebäude vorbei (durch Einfahrt, Hof oder Garten), so ist der Revisionskasten in einen Schacht (gewöhnlich rd. 80 cm bis 1 m l. W.)

so tief zu legen, daß einmal das Gefälle bis zum weitesten Entwässerungspunkt vorhanden ist und bei allen außerhalb der Gebäude liegenden Bodeneinläufen, Hofsinkkästen usw eine frostfreie Lage erreicht wird.

Vielfach wird da, wo die Stadt die Anschlußleitung vom Hauptkanal bis Grundstücksgrenze herstellt und unterhält, unter allen Umständen der Revisionsschacht unmittelbar hinter der Grundstücksgrenze angeordnet, so daß der Schacht oft in die Vorgärten zu liegen kommt.

c) Materialientabellen.

Steinzeugröhren.

(Vergl. auch Figuren S. 23.)

Lichte Weite in mm .	100	125	150	200	250
Wandstärke in mm . .	15	16	18	19	22
Lichte Weite der Muffen in mm	166	193	222	274	334
Länge der Muffen . . .	60	60	60	70	70
Gewicht f. d. lfdm. in kg	16	20	25	34	53
Inhalt eines Waggons von 10000 kg in Stück	625	500	400	295	190
Asphaltkitt f. d. Muffen in kg	0,8	0,9	1,0	1,20	1,50
Teerstricke f. d. Muffen in kg	0,15	0,20	0,25	0,30	0,40

Fig. 1: Gerade Rohre von 100 bis 250 mm Durchmesser werden gewöhnlich in Baulängen von **1 m** angeliefert, doch werden auch Rohre von 0,75 **und** 0,60 m hergestellt. Teilstücke sind in 0,50, 0,40,

0,30 und 0,20 m im Handel zu haben. Die Innen-
flächen der Muffen und der Schwanzende aller Röhren
sollen auf 5 cm Länge fünf Rillen haben.

Fig. 2 bis 4: Bogenröhren haben halbe Baulängen
(ca. 50 cm) und werden hauptsächlich mit 90°, 45°
und 30° Zentriwinkel verwendet.

Das Gewicht der Bogenröhren beträgt etwa die
Hälfte der geraden Röhren.

Fig. 5: Knieröhren mit 90° Zentriwinkel sind zu
vermeiden.

Fig. 6: Verbindungen (Abzweige) haben 60 cm
Baulänge und sollen in einem Winkel von 60° ein-
laufen.

Fig. 7 u. 8: Rechtwinklige- und Doppelabzweige
sollen zu den Ableitungen nicht verwendet werden.

Fig. 9 u. 10: Übergangsrohre haben eine Baulänge
von 0,60 oder 0,30 m Länge.

Fig. 11 u. 12: Es gibt dann noch umgekehrte
Übergangsrohre und Übergangsbogenrohre, welche
aber selten zur Verwendung kommen.

Eisenrohre (Normal Abflußrohre). N. A.
(Vgl. auch Figuren Seite 24 u. 25.)

Lichte Weite in mm .	50	70	100	125	150	200
Wandstärke in mm .	5	5	6	6	6	6
Muffentiefe	65	70	75	75	80	90
Muffenstärke.	6	7	7	8	8	8
Gewicht p. lfdm. in kg	12	15	25	32	40	58
Teerstricke in kg . . .	0,06	0,06	0,10	0,15	0,20	0,25
Blei f. Muffe in kg .	0,29	0,29	0,4	0,8	1,0	1,18

Fig. 13: Gerade Rohre sind in Baulängen von
3, 2,5, 2, 1,50, 1, 0,75, 0,50, 0,25 und 0,15 m zu haben.

Steinzeugrohre.
(Vergl. Materialientabelle.)

Fig. 1.   Fig. 2.   Fig. 3.   Fig. 4.   Fig. 5.

Fig. 6.   Fig. 7.   Fig. 8.

Fig. 8 a.   Fig. 9.   Fig. 10.   Fig. 11.   Fig. 12.

Normal-Abflußröhren N. A.
(Vgl. Materialientabelle.)

90°

Fig. 14.

80°

Fig. 15.

70°

Fig. 16.

45°

Fig. 17.

30°

15°

Fig. 13.

Fig. 18.

Fig. 19.

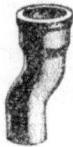

Fig. 20.

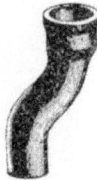

Fig. 21.

Fig. 22.

Normal-Abflußröhren N. A.

(Vgl. Materialientabelle.)

Fig. 23. Fig. 24. Fig. 25.

Fig. 26. Fig. 27. Fig. 28.

Fig. 30.

Fig 29. Fig. 31. Fig. 32.

Fig. 14 bis 19: Bogenröhren von 90, 80, 70, 45, 30 und 15⁰.

Fig. 20 bis 22: Sprungröhren (Etagenröhren) mit 65, 130 und 200 mm Ausladung.

Fig. 23 u. 24: Verbindungen (Abzweige) von 7⁰ und 45⁰.

Fig. 25 u. 26: Rechtwinklige und doppelte Abzweige sollten bei Hausentwässerungen vermieden werden.

Fig. 27: Doppelmuffen.

Fig. 28: Übermuffen.

Fig. 29: Übergangsrohre von Eisen- auf Steinzeugrohre.

Fig. 30: Anschlußstück.

Fig. 31: Übergangsrohr.

Bleiabflußrohre.

Lichte Weite in mm	25	30	40	50	65
Wandstärke in mm	3,0	3,5	4	4	4
Gewicht f. d. lfdm. in kg . .	3,0	4,2	6,3	7,7	9,3
Baulängen ca. 3,00 m . . .	—	—	—	—	—

Zinkrohre.

Zur oberirdischen Ableitung von Regenwasser sowie zu Entlüftungsleitungen kommt Zink nicht unter Nr. 12, am besten Nr. 13 mit 0,74 mm Wandstärke zur Verwendung; in beiden Fällen jedoch nur dann, wenn diese Leitungen außerhalb der Gebäude liegen, andernfalls sind Eisenrohre zu nehmen.

Fig. 32: Dunsthauben aus Zink oder Gußeisen als oberer Abschluß der Entlüftungsleitung.

Dichtungsmaterial.

a) Für Steinzeugrohre.

Asphaltkitt, Zementmörtel, Ton (ersterer ist vorzuziehen).

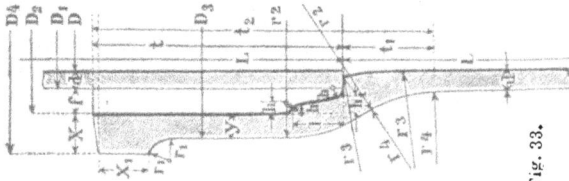

Fig. 33.

Konstruktionstabelle
für Normal-Abflußrohre N. A. (Ministerialverfügung v. 28. Juli 1912).

Lichter Durchm. der Röhren	mm	D	50	70	100	125	162	200
Äußerer Durchm. der Röhren	»	D₁	60	80	112	137	150	212
Lichter Durchm. der Muffen	»	D₂	72	92	124	151	176	226
Äußerer Durchm. der Muffen	»	D₃	84	106	138	167	192	242
Äußerer Durchm. der Muffen- wulste	»	D₄	92	114	146	175	200	252
Stärke der Muffenwulste	»	X	10	11	11	12	12	13
Höhe der Muffenwulste	»	X₁	13	14	14	15	15	16
Radius	»	r₁	6	6	7	7	8	9
Länge des Zentrierringes	»	l	13	14	15	16	16	17
Breite des Zentrierringes oben	»	h	2	2	2	2	2	2
Breite des Zentrierringes unten	»	h₁	4	4	4	4	4	4
Radius	»	r₂	40	45	50	55	60	70
Radius	»	r₃	170	180	195	210	225	250
Radius	»	r₄	30	32	34	36	38	40
Stärke der Dichtungsfuge	»	f	6	6	6	7	7	7
Muffentiefe	»	t	65	70	75	75	80	90
Länge des Muffenhalses	»	t₁	24	26	28	30	32	35
Gesamtlänge der Muffe	»	t₂	89	96	100	105	112	125
Wandstärke der Röhren	»	d	5	5	6	6	6	6
Wandstärke der Muffen	»	y	6	7	7	8	8	8

Asphaltkitt (Naturasphalt mit Zusatz von Paraffinöl und staubfrei gemahlenem Quarzsand) wird in Fässern von 150 kg geliefert. Teerstricke achtteilig wiegen ca. 12 kg pro 100 m.

b) **Für Eisenrohre.**

Weichblei nach kg.

Teerstricke wie vor, auch Weißstricke.

d) Querschnittsabmessungen und Berechnungen.

Eine Berechnung der Querschnitte für Hausentwässerungsrohrleitungen wird nur in Ausnahmefällen verlangt werden können. Hierzu gehören Sanatorien, Krankenhäuser, Kasernen, Schulen, Kuranlagen, große Hotels usw.

Für gewöhnliche Hausentwässerungen genügen für Hauptableitungen und Klosettleitungen 150 mm, für Nebenleitungen 100 mm Rohrdurchmesser vollauf.

Allgemein kann man Grundstücke bis zu 1000 qm mit 50% aufstehenden Gebäulichkeiten ohne Nachweis mit 150 mm Hauptableitung entwässern.

Die Durchführung einer Querschnittsberechnung für eine größere Grundstücksentwässerung zeigt das folgende B e i s p i e l.

A n n a h m e.

Ein 1800 qm großes Grundstück (Sanatorium) mit
a) 800 qm Dachflächen aller Art,
b) 500 qm befestigte Höfe, Wege usw.,
c) 500 qm Spiel- und Sportplätze.
soll entwässert werden.

I. Brauchwassermenge.

Die Gebäude sind bewohnt von 150 Kurgästen. Der Wasserverbrauch beträgt pro Kopf und Tag höchstens 120 l, mithin im ganzen

$$150 \cdot 120 = 18\,000\ \text{l täglich.}$$

Die Hälfte kommt in 9 Stunden (tagsüber) zum Abfluß, somit

$$\frac{18\,000}{2 \cdot 9 \cdot 60 \cdot 60} = 0{,}278 \sim 0{,}30\ \text{Sek./l.}$$

II. Niederschlags- bzw. Regenmenge.

Diese wird durch die Regenhöhe bestimmt. Unter Regenhöhe versteht man die Höhe, die das Regenwasser erreicht, wenn es auf eine horizontale Fläche niederfällt, weder abfließen, versickern noch verdunsten kann. Die Regenhöhen werden durch Regenmesser ermittelt. Für deutsche Verhältnisse kann die höchste Regenhöhe hier stündlich zu etwa 60 mm (einschl. der Sturzregen) angenommen werden. Für das ha und die Sekunde beträgt dies:

$$\frac{0{,}06 \cdot 10\,000}{60 \cdot 60} \cdot 1000 = 167\ \text{Sek./l}$$

Diese Menge gelangt aber nicht ganz in den Kanal zum Abfluß, da ein Teil versickert und verdunstet.

Bei Entwässerungen von Stadtgebieten und kilometerlangen Leitungen ist noch die Verzögerung des Abflusses zu berücksichtigen, die aber für Hausentwässerungsleitungen nirgends in Betracht kommt.

Abzüglich Versickerung und Verdunsten rechnet man:

zu a) für verschiedene Dachflächen etwa 95% der Niederschlagsmenge,

zu b) für befestigte Höfe etwa 80% der Niederschlagsmenge,

zu c) für Spiel- und Sportplätze etwa 30% der
Niederschlagsmenge in die Kanäle abzuführen.
Diese Annahme wird je nach der Durchlässig-
keit und der Neigung der zu entwässernden Fläche
etwas größer oder kleiner. Nach unserem Beispiel
kämen also wirklich zum Abfluß:

I. Brauchwassermenge . . . . 0,30 Sek/l
II. Niederschlagsmenge:

a) von Dachflächen $\dfrac{800 \cdot 167}{10\,000} \cdot 0,95 = 12,70$ »

b) von befestigten Höfen $\dfrac{500 \cdot 167}{10\,000} \cdot 0,80 = 6,70$ »

c) von Sport und Spiel-

plätzen $\dfrac{500 \cdot 167}{10\,000} \cdot 0,30$ . . . . . $= 2,50$ »

zusammen 22,20 Sek./l.

Zu untersuchen wäre nun, ob für diese Abfluß-
menge ein 150 mm weites Rohr, wie es gewöhnlich für
Hausableitungen genommen wird, ausreicht.

Die Leistung des Kanals ergibt sich nun aus
dem Produkt von Querschnitt und Abflußgeschwindigkeit pro Sekunde

$$Q = F \cdot v.$$

Hierin bedeutet

$Q =$ abzuführende Wassermenge in cbm,

$F =$ Kanalquerschnitt in qm,

$v =$ Abflußgeschwindigkeit in m/Sek.

Die Abflußgeschwindigkeit ergibt sich nach
Kutter:

$$v = \frac{100\,R}{m + \sqrt{R}} \cdot \sqrt{J}$$

darin bedeutet:

$R = $ hydraulischer Radius $= \dfrac{F}{U} = \dfrac{\text{Wasserquerschnitt}}{\text{benetzter Umfang}}$

$m = $ Rauhigkeitsgrad für Steinzeug-

röhren . . . . $= 0{,}30$ bis $0{,}35$;

$m = $ Rauhigkeitsgrad für Eisen-

röhren . . . . $= 0{,}25$;

$J = $ Wasserspiegelgefälle.

Wasserspiegelgefälle ist der Höhenunterschied zwischen dem Wasserspiegel des Straßenkanals bei starkem Regen und dem Rohrscheitel eines Bodenablaufes oder Ausgusses, der bezüglich seiner Tiefenlage und Entfernung vom Straßenkanal am ungünstigsten zu entwässern ist, dividiert durch die Länge des Anschlußkanales.

Die Angaben über die Höhenlage des Wasserspiegels im Straßenkanal gibt das Kanalbauamt gewöhnlich an. Angenommen, der Rohrscheitel des am ungünstigsten zu entwässernden Ablaufes liege $0{,}30$ m höher als die Wasserspiegellinie des 45 m entfernten Straßenkanals. Dann ist das Wasserspiegelgefälle:

$$J = \frac{0{,}30}{45} \sim 0{,}007 = \frac{7}{1000} = 1 : 144$$

$$R = \frac{F}{U} = \frac{0{,}0177}{0{,}472} = 0{,}0376$$

$$\sqrt{R} = 0{,}194$$

mithin

$$v = \frac{100 \cdot 0{,}0376}{0{,}35 + 0{,}194} \cdot \sqrt{\frac{1}{144}} = \frac{3{,}76}{0{,}544} \cdot \frac{1}{12} = 0{,}577 \sim 0{,}6$$

und $Q = F \cdot v = 0{,}0177 \cdot 0{,}6 = 0{,}01062$ cbm

$= \mathbf{10{,}62}$ **Sek./l.**

d. i. die Leistungsfähigkeit eines 15 cm weiten Rohres bei den gemachten Annahmen. Der Rohrquerschnitt ist daher da 22,2 Se/kl. abzuführen sind zu klein. Man untersucht nun, ob ein 20 cm weites Rohr ausreicht:

$$R = \frac{F}{U} = \frac{0,0314}{0,628} = 0,05$$

$$\sqrt{R} = 0,224$$

mithin

$$v = \frac{100 \cdot 0,05}{0,35 + 0,224} \cdot \sqrt{\frac{1}{144}} = \frac{5,0}{0,574} \cdot \frac{1}{12} = 0,727 \backsim 0,73$$

m/Sek. und $Q = F \cdot v = 0,0314 \cdot 0,73 = 0,0223$ cbm

$$= \mathbf{22,3 \ Sek/l.}$$

Da nur 22,20 Sek./l abzuführen sind, ist ein 200 mm weites Rohr ausreichend und dafür zu wählen.

III. Ausführung.

a) Allgemeines.

Nachdem die Zeichnung die Genehmigung des Magistrats erhalten hat, muß unverzüglich mit den Arbeiten begonnen werden. Der Tag des Beginnes ist dem Magistrat rechtzeitig mitzuteilen.

Der Straßenanschluß — also die Verbindung zwischen Straßenkanal und Hausableitung — ist zur Zeit der Aufforderung entweder fertig und muß dann an die Verbindungsleitung direkt angeschlossen werden, oder es erfolgt die Herstellung des Verbindungskanals gleichzeitig mit der Herstellung der Hausableitung, die in einem Zuge ohne Unterbrechung auszuführen ist.

In verschiedenen Städten wird seitens der Behörde der Revisionskasten (s. diesen) mitverlegt; es ist also die Straßenleitung bis 1 m über die Grundstücksgrenze herzustellen.

Die genauen Angaben hierüber gehen aus den erlassenen Bestimmungen — die meist verschieden sind — hervor.

Überhaupt sind für die ganze Anlage vor allen Dingen die Polizeivorschriften und die besonderen

Ausführungsbedingungen maßgebend, die im allgemeinen das Folgende vorschreiben:

b) Erdarbeiten.

Alle Baugruben müssen nach der vorliegenden Zeichnung im richtigen Gefälle mit senkrechten Wänden und 70, besser 0,80 cm Breite ausgehoben werden.

Der ausgehobene Boden ist neben der Baugrube zu lagern, und zwar so, daß Steine, Kies, Sand, Schlacken, welche zur oberen Befestigung dienten, auf die eine Seite und der übrige Aushub auf die andere Seite zu liegen kommen.

Der Boden darf nicht in solchen Massen neben der Baugrube gelagert werden, daß er einen schädlichen Druck ausübt.

In den meisten Fällen ist die Baugrube abzusteifen; vor allem bei größeren Tiefen wie 1,5 m. Die dazu benötigten Hölzer erhalten gewöhnlich folgende Dimensionen

Bohlen, 5 cm stark, in tunlichst kleinen Längen (2, 2,5 und 3 m),

Brusthölzer, 5—7 cm stark, 15 cm breit,

Steifen, 15 cm Durchmesser, Länge nach Erfordern.

Die Bohlen werden am besten vor der Ingebrauchnahme an beiden Enden mit Bandeisen beschlagen.

Das Absteifen muß mit größter Vorsicht und Gewissenhaftigkeit durch geübte Leute geschehen.

Bei geringen Tiefen werden die drei obersten Bohlen, wenn die Standfähigkeit des Bodens dies gestattet, z u g l e i c h angebracht und versteift. Dies muß sofort geschehen, sobald die Baugrube

1,0 m tief ausgehoben ist. Tiefer darf im allgemeinen
ohne vorherige Verschalung nicht ausgeschachtet
werden. Die weitere Ausschachtung erfolgt bohlen-
weise, so daß jedesmal nur so tief ausgeschachtet
wird, als die Bohle breit ist (ca. 30 cm). Über der
Sohle kann die Einschalung bei standfähigem Boden
zwei Bohlen breit (ca. 60 cm) fortgelassen werden.
Die Sohle kann in diesem Falle dem äußeren Rohr-
profil entsprechend ausgerundet werden; es ist aber
stets praktisch, die Sohle horizontal herzustellen.
Kurz bevor die erforderliche Tiefe erreicht wird, sind
in Entfernungen von ca. 3 m Holz- oder Eisenpflöcke
auf die richtige Tiefe, dem projektierten Gefälle entsprechend, einzuschlagen. Erst hiernach ist die Sohle
vollends herzustellen. Bei längerer Strecke ist es
zweckmäßig, die Sohlengefälle mittels Visierdielen
abzustecken.

Die Baugrube ist an der oberen Kante stets auf
mindestens ½ m Breite vollständig frei von allem
Aushub und sonstigen Gegenständen sowie sauber
zu halten.

Beim Aussteifen ist darauf zu achten, daß nicht
mehr als eine Bohle auf einmal entfernt wird.

Die ganze Absteifung ist nacheinander treppen-
förmig in ihrer Längsrichtung, in Höhenunterschieden
von etwa 30 cm, herauszunehmen.

Die Zuschüttung der Baugrube soll in Lagen von
25 bis 30 cm Höhe erfolgen unter ständigem Fest-
stampfen der einzelnen Schichten.

Wenn Hausentwässerungsanlagen in der Höhe
des Grundwasserspiegels liegen, so ist vor allem
für eine sorgfältige Ausbauung der Baugrube zu
sorgen. Das andringende Grundwasser ist dann abzu-
leiten oder durch Handpumpenbetrieb fernzuhalten,

damit ein einwandfreies Verlegen der Rohrleitung gewährleistet ist.

Da im allgemeinen ein wagerechter Ausbau der Baugrube nur bis zum Grundwasserspiegel angewendet werden soll, so sind in schwierigen Fällen Spundwände zu schlagen, die ein Trockenhalten der Baugrube ermöglichen. Wenn irgend angängig, ist für eine häufige Bewässerung des eingefüllten Bodens zu sorgen, damit später Senkungen der Oberfläche vermieden werden. Etwa sich vorfindende Wasser- Gas-, usw. Rohre sind während der Arbeit aufzuhängen bzw. zu unterstützen und beim späteren Zufüllen sorgfältig zu unterstampfen eventl. auch zu untermauern. Die Baugrube wird am besten gleich bis Oberkante Pflaster verfüllt, um das seitliche Abbrechen desselben zu verhindern. Später, nachdem sich die Baugrube genügend gesetzt hat, wird die erforderliche Tiefe für die Pflasterbettung (ca. 25 cm) wieder ausgehoben und das Pflaster mit einer geringen Überhöhung in der Mitte wiederhergestellt.

Überhaupt ist der Wiederherstellung des Pflasters über den Rohrgräben besondere Aufmerksamkeit zuzuwenden, da sonst Nachpflasterungen oft notwendig werden.

c) Rohrverlegung (Haupt- und Nebenableitungen).

Steinzeugröhren sind zu allen Ableitungen zu verwenden, die außerhalb der Gebäude und nicht in unmittelbarer Nähe der Gebäudefundamente liegen, ferner auch ausnahmsweise unter der

Kellersohle bei genügender Deckung und vorausgesetzt, daß keine Rückstaugefahr vorliegt.

E i s e n r o h r e (deutsche Normal-Abflußrohre)
sind zu allen Ableitungen und Fallrohrleitungen
innerhalb der Gebäude sowie für frei, in Mauern oder
in nicht genügender Deckung liegende Ableitungen,
ferner für die Anschlüsse der Regenrohre bis 1,5 m
über Terrain und für alle durch Rückstau berührten
Ableitungen zu verwenden.

Nachdem die Baugrube fertig ausgehoben ist,
wird mit dem Verlegen der Rohre begonnen.
Diese müssen durchweg auf gewachsenem, festen
Boden, scharfem Sand oder Kies aufliegen. Bei
schlechtem Boden wird die Baugrube 15 bis 20 cm
tiefer ausgehoben und mit Kies oder Sand wieder
angefüllt, so daß für die Rohre eine feste Unterlage
entsteht. Bei Felsboden ist es gut, die Baugrubensohle auch etwas tiefer zu legen, ca. 5 cm, und diese
Differenz mit Sand aufzufüllen.

Nie dürfen Rohrleitungen auf aufgefülltem
Boden verlegt werden, auch dann nicht, wenn derselbe vorher gestampft worden ist. Senkungen sind
dann nach den gemachten Erfahrungen meist un-
ausbleiblich.

Bei Grundstücken, deren Oberflächen in gewachsenem Boden von der Straße her stark abfallen,
wird es häufig erforderlich, die Ableitungen über
dem gewachsenen Boden (innerhalb der Auffüllung)
auszuführen. Alsdann sucht man die Rohrleitungen
an den Gebäudewänden auf vorgekragtes Mauerwerk
oder bei gußeisernen D. N. A.-Röhren auf einzemen-
tierte verstrebte Träger, die in Abständen von
½ m Rohrlängen sich befinden, aufzulegen. Entwässerungsgegenstände werden ähnlich befestigt.

Wo diese Befestigungsart nicht angängig ist,
müssen in allen Fällen Pfeiler vom gewachsenen
Boden aus in Abständen von ca. 2 m aufgemauert
werden. Auf diese werden dann Schienen oder Eisen-
betonträger gelegt, die die Rohre einschließlich der
Betonunterbettung aufnehmen. In vereinzelten Fällen
werden auch Mauerbögen zwischen die Pfeiler ge-
spannt mit ausgleichender Übermauerung.

Die Pfeiler sind so stark zu wählen, daß sie
den jeweiligen seitlichen Erddrücken, die gewöhnlich
durch Fortrutschen des aufgefüllten Bodens entstehen, standhalten können.

Bevor die S t e i n z e u g r o h r e verlegt werden, hat man zu untersuchen, ob sie einen reinen
Klang, weder Risse, Blasen noch Beulen haben, ob
sie ferner kreisrund und in der Längsrichtung gerade sind. Das Schwanzende eines jeden Rohres
soll gerillt sein.

Ist die Sortierung der Steinzeugrohre erfolgt,
dann werden dieselben aufeinandergehalten, wobei
darauf zu achten ist, daß die Stöße ohne Absatz
aneinanderpassen. Die passende Lage wird auf der
Röhre mit Kreide angezeichnet, damit sie alsdann
in der Baugrube genau so verlegt werden können.

Das Herunterlassen der Rohre geschieht mittels
Seil oder bei nicht tiefen Baugruben von Hand.
An der Stelle, wo die Muffe zu liegen kommt,
ist ein ca. 15 cm tiefes und 20 cm breites Loch quer
zur Baugrube auszuheben, damit Platz für das Dichten
der Muffen vorhanden ist. In einer Sandbettung kann
dann das Rohr leicht verlegt werden.

Bei längeren Leitungen erhält das Rohr seine
Richtung durch eine in der Längsachse der Baugrube gespannte Schnur. An dieser ist ein Lot

so befestigt, daß es leicht weiter geschoben werden
kann. Beim Verlegen hängt das Lot stets unmittelbar vor der Muffe, während in der Mitte in halber
Höhe ein Senkelbrett gelegt wird, das dem innern
Querprofil der Muffe entspricht und auf dem in
der Mitte eine Sägeschnittmarke angebracht ist, so
daß jedes Rohr zuverlässig und sicher eingesenkelt
werden kann. Die richtige Höhenlage längerer Rohrleitungen wird wie folgt erreicht:

Die schon bei den Erdarbeiten erwähnten Pflöcke
werden zuerst mit der Rohrleger-Hochmaßlatte nach
dem Gefälle einvisiert.

Auf diese jetzt im Gefälle stehenden Pfähle wird
eine ca. 4 m lange Setz- oder Wägelatte so aufgesetzt,
daß sie mit dem einen Ende im Rohr, mit dem
andern auf wenigstens zwei Pflöcken aufliegen kann.
Das Rohr wird nun so lange gehoben oder gedrückt,
bis die Setzlatte auf allen drei Punkten gleichmäßig
aufliegt.

Bei kürzeren Leitungen wird jedes Rohr mittels
der Wasserwage, die auf Gefälle eingestellt ist, in
die richtige Lage gebracht.

Dem Dichten der Muffen ist die größte Sorgfalt
zu widmen. Die einzelnen Rohre werden mit gut
durchtränktem Teerstrick mindestens zweimal um-
wickelt und mit dem Schwanzende in die Muffe des
voraufgehenden Rohres gestoßen.

Der übrige innere Raum zwischen Muffe und
Schwanzende wird dann mit Ton oder Zement oder
b e s s e r   m i t   A s p h a l t k i t t ausgefüllt, je nach
Maßgabe der geltenden Vorschriften. Asphaltdichtung
ist vorzuziehen, da dieselbe eine gewisse Beweglich-
keit gegenüber Setzungen innerhalb ausreichender
Grenzen zuläßt.

Zementdichtung ist sehr sicher, aber starr, so daß beim Treiben des Zementes die Muffen springen können.

Tondichtung ist zu wenig widerstandsfähig und gibt bei etwaigem Setzen zu leicht nach.

Die Verbindungsstellen werden häufig noch mit einem Ton- oder Zementmörtelwulst umgeben, im Grundwasser ist das erstere zu empfehlen.

Absolute Dichtheit der ganzen Leitung ist ein Haupterfordernis.

Steinzeugrohre werden, wie schon erwähnt, überall da verlegt, wo sie genügend überdeckt werden, können, also im Hof, Garten, in der Straße, Diele usw.

In diesen Fällen sind unbedingt Steinzeugrohre zu wählen, da dieselben bei gleicher Dauerhaftigkeit erheblich billiger als Eisenrohre sind.

Abwässer, die schädliche Bestandteile, Säuren usw., enthalten oder eine höhere Temperatur haben als 35º C, dürfen ohne weiteres nicht in die Ableitungen eingeführt werden. Das Gefälle der Ableitungen beträgt für die Hauptleitung gewöhnlich 1 : 50, d. i. 2 cm auf 1 m Länge, für kurze Leitungen meist 1 : 20 bis 1 : 50. Nebenableitungen zur Aufnahme von Waschküchen, Hofsinkkästen usw. sind stets unter spitzem Winkel einzuführen, damit Verstopfungen vermieden werden.

Die Sortierung der Bogenrohre, Verbindungsrohre usw. ist mit derselben Sorgfalt vorzunehmen, wie dies bei den Rohren bereits gesagt ist. Zurechthacken der Stücke sollte vermieden werden.

Die seitlichen Stutzen der Abzweige sind beim Verlegen stets etwas, mindestens jedoch dem Gefälle des Seitenstranges entsprechend, anzuheben. Rechtwinklige und doppelte Abzweige und recht-

winklige Bögen dürfen nicht in Ableitungen verwendet werden.

In die Hauptableitung selbst sind außer den
für die Seitenstränge bestimmten Verbindungsröhren
manchmal besondere Reserve-Verbindungsröhren einzubauen, damit bei später notwendigen Anschlüssen
eine Beschädigung der Hauptableitung vermieden
wird. Die einstweilen unbenutzten Verbindungs-
öffnungen sind dann gehörig zu verdichten; am besten
mit Steinzeugdeckel, Teerstricke und Asphaltkitt.

Die Ableitung soll beim Verlassen des Rohrgrabens stets mit einem Steinzeugdeckel zugesetzt
werden und muß am Feierabend so weit fertig
sein, daß sie etwa 30 cm hoch mit Boden bedeckt
werden kann, damit Beschädigungen der Rohre
durch hinabfallende Bodenmassen und Steine nicht
stattfinden können. Bevor die fertig verlegte Ableitung nicht behördlicherseits durch den kontrol-
lierenden Beamten abgenommen ist, darf sie nicht
verfüllt werden.

Ist eine längere Rohrstrecke fertig verlegt und
gedichtet, so kann die Wasserdichtheitsprobe vorgenommen werden, wozu der Grundstücksbesitzer
bzw. der Unternehmer reines Wasser zu stellen hat.
Wird dabei die Leitung an der einen oder anderen
Stelle undicht befunden, so sind die betr. Muffen
nach Entleerung der Rohrleitung in sorgfältiger
Weise neu zu dichten. Alsdann ist die Wasserdichtheitsprobe erneut vorzunehmen, und zwar so
oft, bis sich die absolute Dichtheit erwiesen hat.
Erst hiernach darf die Verfüllung begonnen werden.

Um bei der Dichtheitsprobe die Rohrleitung
mit Wasser füllen zu können, sind alle Auslaufstellen
mit Steinzeugdeckel, Säcken und Ton zu dichten,

die Abzweigstutzen gegen die Baugrubenwand ab-
zuspreizen, die Bogenstücke, die die Falleitungen
aufnehmen sollen, aufzusetzen und die Muffen dicht
zu machen. Das Wasser wird dann an der höchsten
Stelle so eingefüllt, daß alle Muffen der verlegten
Grundleitung zugleich kontrolliert werden können.
Zur Kontrolle der Dichtheit von Hausentwässerungsanlagen dient auch noch die sog. Rauch-
probe. Hierbei wird durch Verbrennen von Teer-
papier und Schwefel Rauch erzeugt und in die
unteren Fallrohrmündungen eingepreßt. Die Undichtheiten zeigen sich dann beim Entweichen des
Rauches an den betreffenden Stellen. Auf dieselbe
Weise können auch unwirksame Wasserverschlüsse
festgestellt werden.

Endlich kann man auch noch die Geruchsprobe
anwenden, um Undichtheiten der Leitungen festzustellen. Hierbei wird Pfefferminzöl mit heißem Wasser
von der obersten Stelle der Fallrohrleitung in dieselbe
eingebracht; dann läßt sich durch den Geruch an den
Muffenverbindungen feststellen, ob dieselben dicht
sind oder nicht.

Die zur Verwendung kommenden E i s e n -
r o h r e (D. N. A.- oder N. A.-Rohre) sollen voll-
kommen gerade, ohne Gußfehler, zylindrisch und
überall von gleicher Wandstärke sein.

Die Dichtung erfolgt in der Weise, daß das
Schwanzende in die vorhergehende Muffe gebracht
wird. Hierauf wird der Teerstrick um das Rohr gelegt
und mit dem Strickeisen hineingestoßen, bis derselbe
so fest als möglich sitzt.

Die Dichtung soll $\frac{2}{3}$ der Muffentiefe betragen,
der Rest derselben wird mit Blei ausgefüllt. Die Blei-
dichtung wird dann mit dem Setzeisen nach und nach

eingetrieben, bis Muffenrand und Dichtung eine Fläche bilden.

Die Verlegung erfolgt genau nach dem vorgeschriebenen Gefälle und ist erheblich einfacher als bei Steinzeugröhren, da sich die Röhren wegen ihrer größeren Länge leichter verlegen lassen.

In neuerer Zeit verwendet man mit Vorteil auch Eisenrohre (D. N. A.) in den unter b) beschriebenen Fällen überall dort, wo die Herstellung eines offenen Rohrgrabens nicht angängig ist, sei es wegen der Nähe schlechter Fundamente oder unter größeren wertvollen Anlagen, Treppenaufgängen usw. Der Teil, dessen Oberfläche erhalten werden soll, wird dann von beiden Seiten her unterminiert und darauf das Eisenrohr durchgeschoben und in die richtige Lage gebracht. In Gegenden mit Sandboden, der ein Unterminieren nicht gestattet, hilft man sich vielfach so, daß der Sand mit einem Stangenbohrer aus dem Rohr gezogen wird, während die angesetzte Winde das Eisenrohr langsam nach vorn treibt.

Auf diese Weise sind namentlich in alten Stadtteilen eine ganze Reihe Anschlüsse durch den Verfasser billig hergestellt worden, die sonst hohe Kosten verursacht hätten. Natürlich ist gerade bei diesen Arbeiten die größte Vorsicht nötig, damit das Rohr auch bezüglich der Lage und Richtung an der gewünschten Stelle hervortritt.

Freiliegende Eisenrohre im Keller müssen entweder solide aufgehängt oder durch Mauerpfeiler in nicht zu großen Abständen unterstützt werden, da sich sonst die Dichtungsstellen mit der Zeit lockern. Vielfach erhalten die Rohre auch einen Kalkfarbenanstrich, um etwaige kleinere Undichtheiten sofort erkennen zu können.

Beim Durchgehen durch die Hausmauern werden die Rohre nicht eingemauert, sondern in Ton gebettet, damit ein etwaiges Setzen keinen Schaden bringt.

d) Revisionskasten.

Jede einzelne Hausentwässerung muß mit einem Revisionskasten versehen sein, welcher innerhalb des Grundstückes, etwa 1 m hinter der Grenze, zweckmäßig angeordnet ist. Mehrere Revisionskästen sind nur in Ausnahmefällen oder bei sehr langen Leitungen, etwa alle 50 m, erforderlich. In der Regel dient zur Aufnahme des gußeisernen verschließbaren Revisionskastens ein Revisionsschacht. Es sind drei Fälle zu unterscheiden:

1. Der Revisionsschacht kann entweder seitlich am Hause, in nicht unterkellertem Raume, oder im Vorgarten liegen. Fig. 34. Der Schacht enthält dann bei trockenem Untergrund drei Flachschichten Untermauerung oder Betonfundament und wird vorteilhaft rd. 1 m Durchmesser und ½ bis 1 Stein stark, je nach Tiefe, gemauert.

Vielfach werden diese Schächte auch aus Zementbetonringen rund mit Falz in folgenden Dimensionen hergestellt: Durchmesser 1 m, Wandstärke 0,10 m, Höhe der einzelnen Ringe etwa 0,80 m. Die Verwendung von Zementbetonringen hat den Vorteil, daß bei geeignetem Boden keine besondere Baugrube hergestellt und ausgesteift zu werden braucht, sondern ein einfaches Versenken der Ringe wie beim Brunnenbau stattfindet. Bei Tiefen über 1,5 m wird der Schacht oben auf 0,60 m Durchmesser zusammengezogen, erhält Steigeisen und wird mit einer gußeisernen Abdeckung versehen. Es ist sehr zu empfehlen, bei Neukanalisation diese Schächte einheitlich nach besonderen Normen herzustellen.

2. Der Revisionsschacht liegt im Keller. Fig. 35. In diesem Falle macht man den Schacht am besten ☐ 1,0 · 0,70 m groß, läßt die Einsteigöffnung fast so groß, als der Schacht selbst ist, und versieht denselben mit einer leichten Revisionsschachtabdeckung. Die Tiefe eines solchen Schachtes wird in den meisten Fällen ca. 1 m und darunter betragen, selten aber die Tiefe von 1,5 m überschreiten.

3. Der Revisionsschacht fällt ganz fort, da die Hauptableitung über der Kellersohle liegt.

Der Revisionskasten, Fig. 36, ist dann zwischen den Eisenrohren einzubauen, sorgfältig auf Konsolen zu verlegen oder zu untermauern und liegt frei im Raume.

Dort, wo der Revisionskasten im Schacht liegt und an Steinzeugrohre angeschlossen ist, ist es vorteilhaft, im Anschluß an den Revisionskasten noch ein kurzes Stück Eisenrohr mit zu verlegen, da der Revisionskasten kürzer ist als der Durchmesser des Schachtes. Auch legt man praktisch die Schachtsohle zwei bis drei Schichten tiefer als den Revisionskasten, damit ein Durchstoßen durch die Leitung bequemer bewirkt werden kann.

Die Schächte sind in guten Ringofensteinen oder Formsteinen in Zementmörtel zu mauern, innen zu putzen oder zu fugen und außen zu berappen. Bei der Abdeckung ist zu berücksichtigen, ob dieselbe nur begehbar (Fig. 37) oder auch befahrbar (Fig. 38 und 39) sein muß, im letzteren Falle ist ein schwereres Abdeckmodell zu wählen. Bei tiefen Schächten sind die einfachen Steigeisen (Fig. 40 u. 41) gleich beim Hochmauern in Abständen von etwa 30 cm mit einzusetzen.

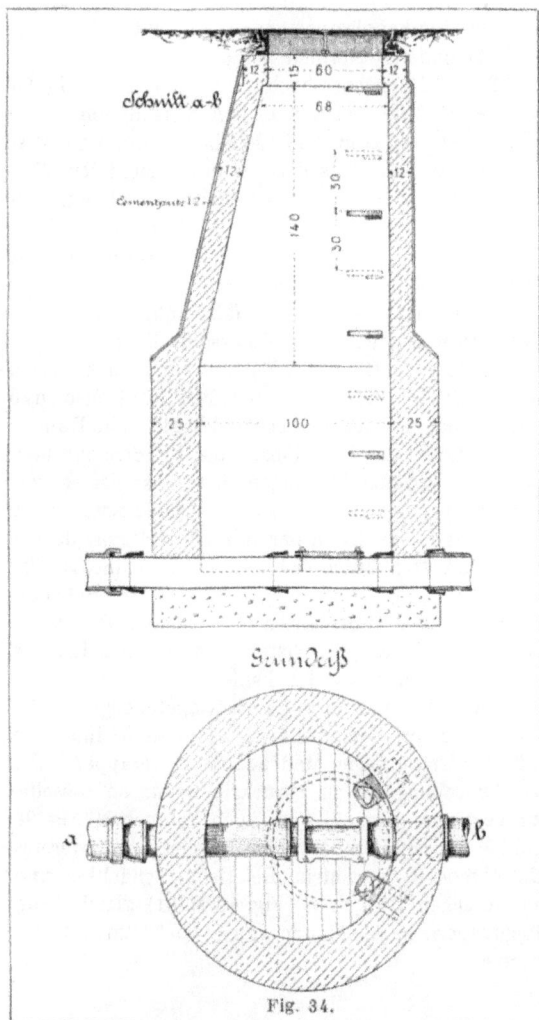

Fig. 34.

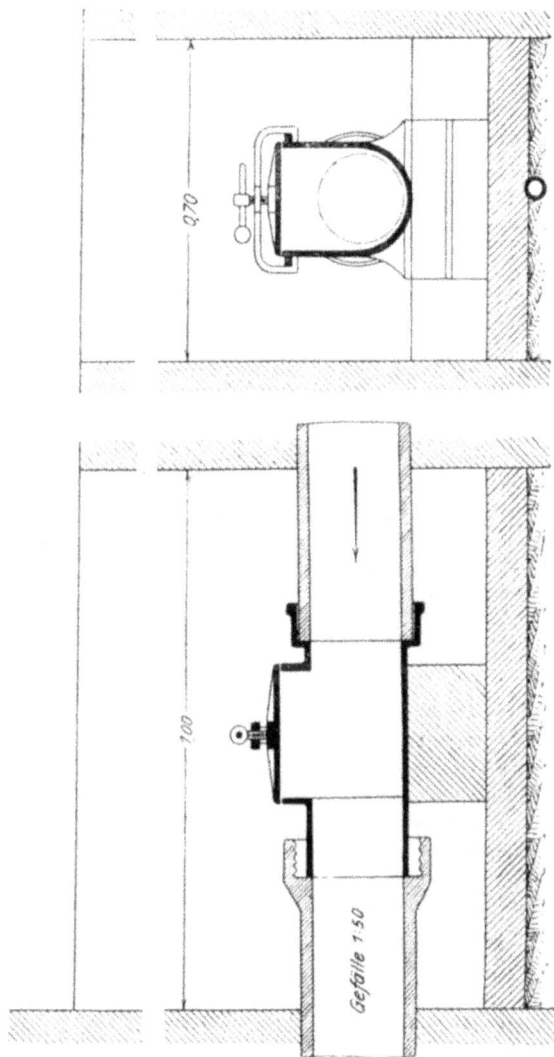

Gefälle 1:50

Fig. 35.

Der Revisionskasten mit Muffenansatz
(Fig. 36) (auch Putzöffnung, Reinigungsöffnung, Kon-
trollkasten genannt) ist aus Gußeisen, hat die Weite
der Hauptableitung und ist mit einem Reinigungs-
deckel versehen. Dieser Deckel sowohl als auch der
Kasten sind mit bearbeiteten Flächen (Dichtungs-
leisten) versehen, zwischen denen eine Gummidich-
tung eingelegt wird. Der Deckel wird dann mit vier
Schrauben auf dem Kasten befestigt. Zur Verhütung
des Einrostens der Schrauben versieht man diese mit
Messingmuttern.

Der Revisionskasten ist nur in Verstopfungs-
fällen zu öffnen, da bei häufigem Öffnen die Gefahr
besteht, daß er nicht wieder sorgfältig geschlossen
wird und dann die Kanalluft in die Räume zieht.

Praktisch ist die Vorschrift, daß der Revisionskasten lediglich von der Stadtverwaltung geöffnet und
geschlossen werden darf, da dieselbe sich ja sowieso
die Reinigung und Beseitigung von Verstopfungen
in der Anschlußleitung zwischen Revisionskasten und
Straßenleitung vorbehält.

e) Entlüftung.

Es ist ohne weiteres klar, daß die gesamte Hausentwässerungsanlage und durch diese auch der Straßenkanal ausreichend entlüftet werden muß.

Die Luft soll ungehindert durch die Rohr-
stränge zirkulieren können. Zu diesem Zwecke müssen
alle Leitungen o h n e U n t e r b r e c h u n g d u r c h
G e r u c h v e r s c h l ü s s e mit der Straßenleitung
in Verbindung stehen und bis über das Dach geführt
werden. Die Geruchverschlüsse sind also lediglich
unmittelbar unterhalb jeder Ablaufstelle anzuordnen

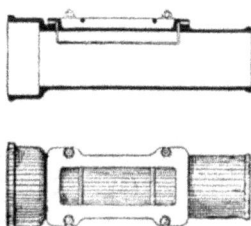

Fig. 36.

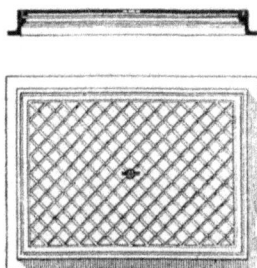

Fig. 37.

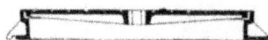

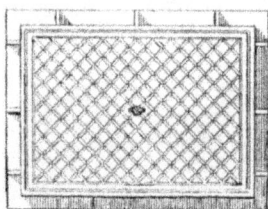

Fig. 38.

Fig. 39.

und mit einem darüber befindlichen Zapfhahn zu
versehen.

Als Entlüftungen dienen in der Regel die F a l l -
r o h r l e i t u n g e n , welche in vollem Querschnitt
und vom Dache ab erweitert möglichst lotrecht bis
etwa 1 m darüber geführt werden. Die Ausmündung
darf nicht in der Nähe der Fenster liegen.

Besondere Entlüftungsrohre können da angeordnet werden, wo keine zur Lüftung zu benutzenden
Fallrohre vorhanden sind. Die Zusammenziehung
mehrerer Lüftungsleitungen in ein Rohr sollten vermieden werden, desgleichen das Schrägziehen der
Leitungen. Die Lüftungsleitung soll über Dach weiter
werden. Dies läßt sich mit den dafür vorgesehenen
N. A.-Paßstücken leicht erreichen oder, indem man
das über Dach zu führende Dunstrohr so groß wählt,
daß es in die Muffe des letzten N. A.-Rohres paßt.

Die Lüftungsleitung muß oben eine Schutzhaube
erhalten, die so anzubringen ist, daß zwischen Rohr
und Haube die Öffnung größer ist als der darunter
befindliche Rohrquerschnitt.

Das Material der Entlüftungsrohre ist im Ge-
bäudeinnern Gußrohr (D. N. A.- oder N. A.-Rohre).
Wo die Entlüftungsrohre nicht gleichzeitig Fallrohre
sind, sind ebenfalls praktisch lediglich D. N. A.- oder
N. A.-Rohre zu verwenden. Zinkrohre dürfen außerhalb der Gebäude zu Lüftungszwecken verwendet
werden, wenn sie mindestens 1,5 m vom Erdboden
entfernt und aus Zink Nr. 12 bis 13 hergestellt
werden.

Eine kräftige Entlüftung der gesamten Leitung
ist ein Haupterfordernis. Die Gefahr des Absaugens
der Geruchverschlüsse wird bei gut entlüfteten Anlagen wesentlich geringer. Bei ungenügend ent-

4*

lüfteten Fallrohren wirkt eine in dieselbe gegossene
größere Wassermenge wie der Kolben einer Luft-
pumpe. Die so erzeugte verdünnte Luft saugt oft
die unteren Wasserverschlüsse leer, und die Kanalluft
hat so lange ungehinderten Zutritt zu den Räumen,
bis die Wasserverschlüsse wieder gefüllt sind.

Das Absaugen der Geruchverschlüsse wird besonders da als Mißstand fühlbar, wo in Klosettfall-
röhren außer Klosetts auch noch andere Ausgüsse
(Küchen, Bäder usw.) eingeführt werden. Aus diesem
Grunde sollte man in Klosettleitungen nichts anderes
einführen als Klosett-, höchstens noch Pissoiranschlüsse. Küchen- oder sonstige Ausgüsse erhalten
je nach Anzahl besondere Fallrohre und damit auch
besondere Entlüftungen. Für Badeeinläufe ist dies
besonders zu empfehlen.

Waschküchen im Dachgeschoß sollten in allen
Fällen 100 mm Fallrohre und dementsprechend Entlüftungen erhalten. Die Gefahr des Absaugens ist
bei eng dimensionierten Röhren dort besonders groß.
Zuweilen ordnet man zur Verhütung des Absaugens
auch Hilfsluftleitungen (sog. sekundäre Entlüftungen)
an. Bei einer richtig angelegten Entlüftung ist die
sekundäre Entlüftung unnötig. Abgesehen davon, daß
diese Anlage die Hausentwässerung unnötig ver-
teuert, kommt es auch vor, daß Ausgüsse usw. später
an diese Luftleitung versehentlich angeschlossen
werden und somit der ganze Zweck hinfällig wird.

Unter Hilfsluftleitung versteht man bekanntlich
ein mit dem Fallrohr gleichlaufendes, aber engeres
Lüftungsrohr, welches am untersten Geruchverschluß
beginnt, aufwärts alle höchsten Punkte der Verschlüsse verbindet und über dem höchsten Ausguß
und unmittelbar unter dem Dach in das Hauptfallrohr

wieder eingeführt wird. Empfehlenswert ist dagegen
die Anbringung von kurzen Entlüftungsröhren vom
höchsten Punkte der einzelnen Geruchverschlüsse
nach dem Hauptfallrohr und in allen Fällen die Verwendung von Geruchverschlüssen mit genügender
Wassertiefe.

Wesentlich ist es, nicht entlüftbare Klosette und
Ausgüsse in unteren Geschossen mit etwas größeren
Fallröhren zu versehen (Klosetts 150 mm, Ausgüsse
70 mm) und den letzteren eine Neigung 1:4 zu geben. Das Wasser kann dann in der unteren Rohrhälfte
abfließen und der Luft Zutritt gewähren, wodurch
ein Absaugen der Geruchverschlüsse verhindert wird.

f) Hofsinkkasten.

Die Hofsinkkasten (Fig. 42 u. 43) dienen zur
Aufnahme der im Hofe sich sammelnden Abwässer
und werden bei Höfen mit einseitigem Gefälle an
die tiefste Stelle, bei horizontalen Höfen in die Mitte,
bei kleinen Höfen in die Nähe der Wirtschaftsge-
bäude gelegt.

Die Sinkkasten bestehen aus einzelnen runden
Teilen. Das Material ist Steinzeug, Beton oder Eisen,
seltener auch Mauerwerk. Der untere Teil, der den
Schlammeimer aufnimmt, muß mit einem genügend
großen Wasserverschluß versehen sein, dessen Wasserstand frostfrei, d. h. 1,0—1,4 m unter der Erdoberfläche liegen soll. Die Abdeckung (Einlaufrost) ist
durchbrochen und mit angegossenem Trichter versehen. Der Hofsinkkasten ist stets neben der Hauptleitung (nicht in dieselbe) einzubauen und durch
eine Zweigleitung von gewöhnlich 100 mm, seltener
150 mm l. W. anzuschließen.

Der Einbau des Sinkkastens erfolgt gleichzeitig mit der Grundleitung und ist stets auf drei
Schichten Mauerwerk oder auf ein kleines Betonfundament zu setzen. Ebenso ist die Untermauerung
der Ablaufstutzen zu empfehlen.

Hofsinkkasten, die nicht mit Muffen für die
Ansatzrohre versehen, undicht, brandrissig, nicht
blasenfrei oder wesentlich beschädigt sind, sind
zur Verwendung ungeeignet. Die Dichtung der Muffen
geschieht wie bei den Rohren.

Die Aufstellung des Sinkkastens muß lotrecht
erfolgen, die Teile sollen genau aufeinander passen.
Die Schlammeimer müssen leicht herausnehmbar,
passend und feuerverzinkt sein. Asphaltüberzug
schützt nicht so gut gegen das Verrosten.

Die Stelle zwischen dem oberen Ende des
Aufsatzstückes und dem eisernen Rahmen, der
auf etwa drei Schichten Zementmauerwerk sitzen
soll, ist innen rundherum glatt zu verputzen. Die
Hofsinkkasten sollen nicht tiefer sitzen, als dies
die Frostsicherheit bedingt (1,2 m bis Wasserspiegel). Das Hofpflaster soll dicht in den Rahmen
anschließen, damit ein Versickern des Abwassers
verhindert wird.

Ausgießen der Pflasterfugen mit Asphalt in der
Umgebung des Hofsinkkastens ist empfehlenswert.

Beim vorbeschriebenen Mischsystem läuft auch
das Regenwasser vom Hofe mit in den Hofsinkkasten; dieser ist daher entsprechend zu plazieren.
Regenwasser von den Dachflächen wird im allgemeinen unterirdisch abgeleitet, es ist aber nichts
dagegen einzuwenden, wenn das Wasser einzelner
Regenfallrohre durch kurze Rinnen oberirdisch dem
Sinkkasten zugeführt wird. Beim Trennsystem ist

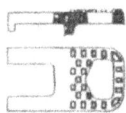
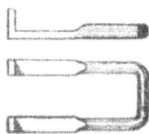

Fig. 40.　　　　　Fig. 41.

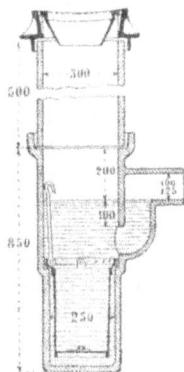
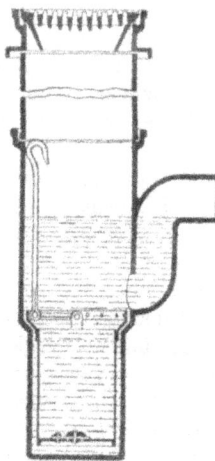

Fig. 42.　　　　　Fig. 43.

der Rand der Hofsinkkasten einige Zentimeter höher
gegen die umgebende Hoffläche und bequem zum
Außgießen anzuordnen. Dabei ist es nie zu unterlassen, darüber eine Zapfstelle der Wasserleitung anzuordnen zwecks Erneuerung des Wasserverschlusses
und zur Spülung.

Befindet sich im Hofe ein Brunnen, so wird
dessen Abwasser auf kürzestem Wege ober- oder
unterirdisch dem Sinkkasten zugeführt. Im letzteren Falle wird die Auffangschale ohne besonderen
Geruchverschluß direkt seitlich in den Hofsinkkasten
eingeführt. Den Hofsinkkasten unmittelbar an den
Brunnen zu legen vermeidet man. Ist man dennoch
dazu genötigt, dann setzt man den Hofsinkkasten
auf 25 cm gut durchgearbeiteten Ton und umhüllt
ihn damit bis 20 cm über dem Ablaufstutzen.
Die Untermauerung des Rahmens der Einlauf-
roste ist hier besonders sorgfältig vorzunehmen und
zu dichten.

Ist ein Springbrunnen vorhanden, aus dem Laub
etc. mit zur Ableitung kommt, so versieht man ihn
mit einem Überlauf, der so ins Wasser eintaucht,
daß Laub etc. zurückgehalten wird. Dieser Überlauf wird ohne besonderen Geruchverschluß mit
dem Hofsinkkasten verbunden.

Gänge und Durchfahrten zwischen Gebäuden
werden so entwässert, daß an der geeigneten tiefsten Stelle ein Hofsinkkasten eingebaut wird. Selbstverständlich ist das Pflaster, namentlich an den
Gebäuden, so instandzusetzen, daß das Wasser nicht
versickern kann.

Je nach der Menge des Abwassers muß der
Sinkkasten etwa alle 14 Tage gereinigt werden.
Zu diesem Zwecke ist der Eimer herauszunehmen

und zu entleeren und der so gereinigte Hofsinkkasten kräftig nachzuspülen.

Läßt sich der Eimer nicht leicht herausnehmen, so ist dies ein Zeichen, daß er überfüllt
ist. Es muß dann zunächst der über dem Eimer
befindliche Schlamm entfernt und dann erst der
Eimer herausgezogen werden.

g) Haussinkkasten (Bodeneinläufe).

Die Haussinkkästen (Fig. 44—46, Bodeneinläufe) sollen eine Fußbodenentwässerung in Waschküchen, Kochküchen, Arbeitsräumen etc. schaffen
und bestehen aus gußeisernen Kasten mit Wasserverschluß, kleinem, herausnehmbarem Eimer und
Rost. Diese Bodeneinläufe werden an der tiefsten
Stelle des zu entwässernden Raumes eingebaut und
mit der Ableitung verbunden. Ein Zapfhahn soll
sich stets darüber befinden. Man achte darauf, daß
der Auslauf des Kastens möglichst groß (100 mm) ist,
damit beim Ausgießen größerer Mengen Wassers
dieses sofort abfließen kann.

Die Reinigung der Bodeneinläufe geschieht
ebenfalls durch Herausnehmen und Entleeren des
Eimers.

Beim Einbauen, das gleichzeitig mit der Grundleitung erfolgt, ist zu beachten, daß der Rost
etwas tiefer als der umgebende Fußboden und wagrecht liegen soll. Ausnahmsweise können die Bodeneinläufe auch im Freien a n s e h r g e s c h ü t z t e n
S t e l l e n dort verwendet werden, wo sich das nötige Gefälle nicht mehr erzielen läßt. Man läuft
dann allerdings Gefahr, daß diese Sinkkästen unter
Umständen einfrieren.

Im Keller sollen gewöhnliche Bodeneinläufe nur eingebaut werden, wenn der Kellerfußboden genügend hoch über dem höchsten Straßenkanalwasserstand liegt und ein Rückstau nicht zu befürchten ist. Wo dieses nicht der Fall ist, sind die Bodeneinläufe mit Rückstauverschlüssen zu versehen, deren Anordnung in einem besonderen Abschnitt beschrieben ist.

h) Fettfänge.

Die Fettfänge haben den Zweck, größere Mengen Fett an geeigneter Stelle festzuhalten, damit es nicht in die Rohrleitungen gelangen kann.

Fettfänge werden deshalb vorzugsweise in größeren Wäschereien, Restaurationsküchen, Schlachträumen, Seifenfabriken usw. in die Nebenleitung eingeschaltet; sie bestehen aus gußeisernen, emaillierten oder Steinzeugtöpfen, die mit luftdichten, abnehmbaren Deckeln und Entlüftungsstutzen versehen sind.

Das sich im Topf ansammelnde Fett ist von Zeit zu Zeit abzuschöpfen, zu entfernen, und der Fettfang ist wieder sorgfältig zu schließen.

Der Fettfang ist in frostfreier Lage auf dem Hofe unterzubringen und erhält das fetthaltige Abwasser durch einen kleinen, im Innern liegenden gewöhnlichen Haussinkkasten zugeführt. Liegen die Wurstküchen etc. im Keller, so kann der Fettfang auch im Keller selbst neben dem Bodeneinlauf in einem kleinen Schacht im Fußboden Platz finden. Oft liegt der Fettfang gehörig untermauert auch offen in der Kellerleitung über dem Fußboden, wenn die zu entwässernden Stellen über den Kellerdecken liegen und dort zunächst von dem Boden-

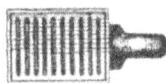

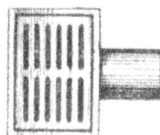

Fig. 45.

Fig. 44.

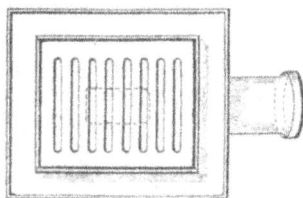

Fig. 46.

einlauf aufgenommen werden. Auf alle Fälle muß
ein Fettfang leicht zugänglich sein.

Angeschlossen wird derselbe durch 100 mm
Rohr an die Nebenleitung. Wo die Ableitung besonders großer Mengen fetthaltigen Wassers erfolgt,
können die Fettfänge natürlich auch in größeren
Dimensionen hergestellt werden.

Fettfänge werden häufig auch mit einem Rost
versehen und dienen dann gleichzeitig als Sinkkasten.

Das Material ist vorzugsweise Eisen und Steinzeug, für große Betriebe auch Mauerwerk oder
Zementstampfbeton.

Fig. 47 zeigt einen Fettfang für gewöhnliche
Verhältnisse.

Fig. 48 (System Kremer, Michelbacherhütte) ist
ein guter Fettfang für große Wurstküchen und Restaurationsbetriebe etc.

Fettgewinnung. Eine weitere besondere Bedeutung haben die Fettfänge durch den im August
1914 entbrannten Weltkrieg erhalten. Bei dem während des Krieges auftretenden Fettmangel für technische Zwecke wurde die Wiedergewinnung des Fettes
aus Abwässern eine zwingende Notwendigkeit. Es
handelt sich bei systematischer Auffangung und Verarbeitung des Fettes aus größeren Küchenbetrieben,
Kasernen, Krankenhäusern, Schlächtereien usw. um
hohe Werte, die in der gegenwärtigen Zeit unter allen
Umständen nutzbar gemacht werden müßten.

Die so gewonnenen Fette gelangen vorzugsweise
nach dem Ausschmelzen an die Seifen- und Stearin-
industrien zur weiteren Verarbeitung.

Gerade durch die Aufsammlung des Fettes in
mittleren Betrieben lassen sich noch große Mengen

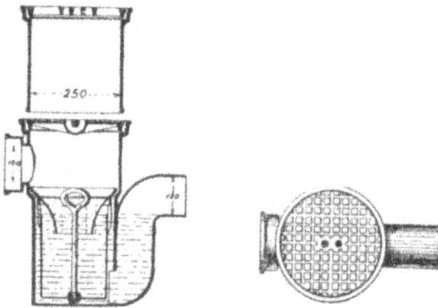

Fig. 47.

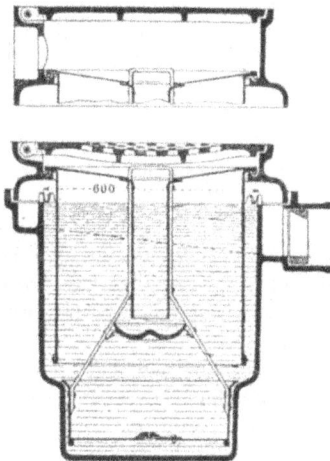

Fig. 48.

dieses Fettes den obengenannten Zwecken zuführen; größere städtische Betriebe haben selbstverständlich auch schon früher auf die Wiedergewinnung des Fettes die nötige Sorgfalt gelegt.

Man schätzt die Menge des so gewonnenen Fettes auf mehrere hundert Kilo im Jahre bei einem mittleren Betriebe, so daß sich die Aufstellung einer Fettfangvorrichtung auch für die Grundstückseigentümer lohnt. Die in Betracht kommenden Stellen vergüten z. Zeit etwa 40 Pf. für das Kilo des gesammelten Fettes.

Um möglichst reines Fett zu erhalten, muß die Behandlung des Fettfanges noch sorgfältiger als sonst geschehen.

Der zu wählende Fettfang hat den bereits geschilderten Ansprüchen, die an einen guten Fettfang zu stellen sind, zu genügen, wobei auf eine möglichst bequeme Zugänglichkeit Wert zu legen ist. Vielfach ordnet man den Fettfang freistehend neben dem Ausguß an, so daß Schmutz- und Sandwasser in letzteren, fetthaltige Abwässer dagegen in den Fettfangeimer unmittelbar gelangen (Fig. 49).

Die Fetteile des Abwassers treten — weil leichter — in kaltem oder warmem Zustande sofort nach oben und bilden die Fettschicht, welche etwa wöchentlich entnommen und in Fässern bis zur Abgabe an die durch die Stadtverwaltung zu erfragenden Stellen aufgesammelt werden.

Bei der Entfernung der Fettschicht wird der Bodensatz des Fettfangeimers am besten in den Klosettkörper entleert und der Eimer ausgespült.

Eine gute Fettfangkonstruktion wird selbst geringe Mengen Fett zurückhalten, so daß eine fast restlose Verwertung möglich ist.

Fettfang-Anordnung zur Gewinnung reiner Fette.

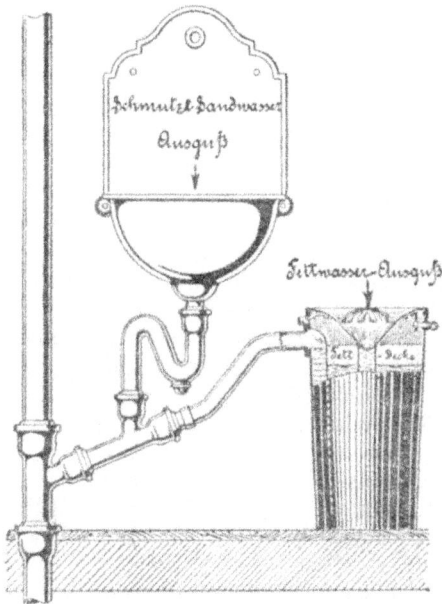

Fig. 49.

i) Regenrohranschlüsse.

Wenn das Regenwasser der Dächer in die Kanalisation aufgenommen wird, so werden die Abfallrohre etwa 1,5—2,0 m über der Erde in gußeiserne 100 mm-Rohre geführt, die durch Steinzeugrohre direkt mit der Hofableitung verbunden sind, wodurch eine wirksame Spülung der Kanäle erzielt wird.

Zu beachten ist dabei, daß die obere Ausmündung des Fallrohres nicht in die Nähe der Fenster zu liegen kommt, andernfalls ist ein Regenrohrsandfang mit Geruchverschluß (Fig. 50) vorzusehen.

Regenrohrsandfänge sind ähnlich konstruiert wie die Hofsinkkasten, nur beträgt die l. W. 15—25 cm. Der untere Teil enthält einen Geruchverschluß und einem verzinkten Eimer. Als Abdeckung wird eine sog. Hahnenkappe verwendet. In besonderen Fällen können die Regenrohrsandfänge als Hofsinkkasten für kleinere Flächen benutzt werden. Dann erhalten die Hahnenkappen anstatt des Deckels einen Rost.

Da, wo allgemein Geschiebefänge vorgeschrieben sind, wird die Entlüftung dadurch ermöglicht, daß man Regenrohrsandfänge mit durchgehender Entlüftung einbaut (Fig. 51). Diese sind, ähnlich wie die Regenrohrsandfänge mit Geruchverschluß, jedoch ohne letzteren konstruiert. Der Einlaufstutzen muß über dem Wasserspiegel möglichst steil, der Auslaufstutzen dagegen wagrecht liegen. Die Abdeckung erfolgt wie bei den sonstigen Regenrohrsandfängen.

k) Brunnen (bestehende).

Da eine Kanalisation erst dann ausgeführt wird, wenn die Wasserversorgungsfrage gelöst ist, so werden Brunnen der Hauptsache nach in Wegfall kommen.

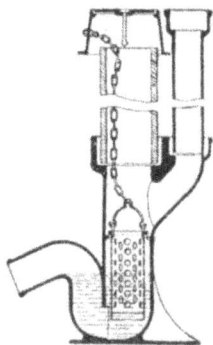

Fig. 50.

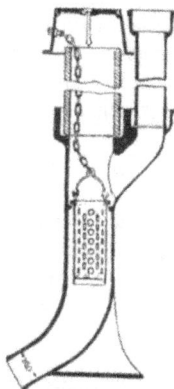

Fig. 51.

Dennoch werden oft Brunnen zu Hauswirt-
schaftszwecken beibehalten. Solchen Brunnen ist
alsdann besondere Aufmerksamkeit zu widmen.
Meist sind dieselben mit mangelhaften, durchlässi-
gen Abdeckungen versehen, und auch die Brunnenaus-
mauerung ist von oben herab so mangelhaft und
durchlässig, daß Waschwasser, Jauche etc., sowie
der Inhalt der undichten Abortgruben hineindringt
und das Wasser verseucht. Es ist daher zur Besse-
rung solcher Verhältnisse nötig, den Brunnen vom
Gelände an bis auf 2 m abwärts freizulegen. Ist
das Brunnenmauerwerk reparaturfähig, so wird es in
Zementtraßmörtel innen gefugt und außen wasserdicht
verputzt. Noch besser ist es, wenn man außerdem den
Brunnen mit Letten (Ton) umhüllt. Eine ordnungs,
mäßige neue eiserne Abdeckung ist empfehlenswert.

Ist der freigelegte Teil nicht mehr reparaturfähig,
so ist er vorsichtig abzubrechen und in bekannter
Weise neu aufzumauern. Der Brunnen ist selbstverständlich gründlich zu reinigen und gegebenenfalls
mit einer Lage gewaschenen Kieses zu versehen,

Schließlich ist noch zu untersuchen, ob in der
näheren oder weiteren Umgebung des Brunnens
Aborte, Regenwassergruben etc. vorhanden sind,
die infolge Undichtigkeit den Boden verseuchen.
Auf Abstellung dieses Übelstandes durch Dicht-
machung oder Beseitigung ist hinzuarbeiten.

Neue Brunnen sind von anderen Gesichtspunkten
aus von vornherein zweckmäßig anzulegen.

1) Badeeinrichtung.

Badeeinrichtungen sind besonders sorgfältig anzulegen, da diese meist in unmittelbare Nähe der
Schlafräume zu liegen kommen.

Mangelhafte Installation und unzweckmäßige Anordnung der Bäder wie auch der Fallrohre und
Wasserverschlüsse bilden oft die Ursache, daß die
Geruchverschlüsse leergesaugt und somit unwirksam
werden.

Es sollten daher Bäder besserer Entwässerungsanlagen nicht in die Fallrohre anderer Ausgüsse
eingeführt werden, sondern besonders mit 70 mm
weiten Fallrohren direkt in die Grundleitung gelangen.

Zulässig ist es auch, einzelne Bäder an den Küchen-
ausguß oder an die Wandbeckenfallrohre anzuschließen, wenn solche Bäder so angebracht sind, daß
unter deren Ablaufstutzen andere Entwässerungsgegenstände, wie Ausgüsse, Wandbecken etc. nicht
mehr angeschlossen sind. Hingegen dürfen über den
Bädern ein oder mehrere Ausgüsse eingeführt werden. Auf jeden Fall müssen die betreffenden Fallrohre über Dach entlüftet werden. Lediglich bei
einem einzelnen Bad im Erdgeschoß oder Keller,
welches in der Nähe einer entlüftenden Fallrohrleitung
liegt, kann von einer besonderen Entlüftung abgesehen werden. Dann ist das Badefallrohr schräg
herunterzuführen.

Alle Ablaufleitungen zwischen Bädern und Fallröhren sollen möglichst kurz gehalten werden. Als
Geruchverschluß bewähren sich am besten die gußeisernen Siphons von 50—65 mm l. W. mit Reinigungsschraube, die direkt in die Fallrohrstutzen
eingebleit und mittels sog. Sauger mit Messingver-
schraubung mit der Badewanne verbunden werden.
Der Sauger wird in die Muffe des Siphons eingebleit und die angeschraubte Messinghülse desselben
an die Badewanne angelötet.

5*

Eine solche Herstellung des Anschlusses hat den Vorteil, daß die Badewanne schnell und leicht aufgestellt werden kann, daß ein guter Geruchverschluß dauernd vorhanden ist und daß das den Verschluß bildende Wasser nicht so leicht abgesaugt wird oder verdunstet, ferner, daß bei einem Fortnehmen des Bades der luftdichte Verschluß des Ablaufes leicht und sicher mittels Metallstopfen soder durch Verlöten der Messinghülse (Sauger) hergestellt werden kann.

In den Baderäumen macht man besser keine Bodeneinläufe, weil es meist nicht nötig ist. So viel Wasser wird in einem Baderaum nicht verspritzt, daß es nicht leicht aufgetrocknet werden könnte. In sanitärem Interesse liegt es, Bodeneinläufe im Badezimmer zu vermeiden. Baderäume zur gemeinsamen Benutzung erhalten Bodeneinläufe, in die man das Badewasser frei ablassen kann. Hierdurch erreicht man zu gleicher Zeit eine Fußbodenentwässerung des ganzen Raumes, die bei größerem Badebetriebe fast unentbehrlich ist.

Die Fußböden von Baderäumen werden massiv hergestellt, ebenso stellt man vorteilhaft die Wände wenigstens bis auf 30 cm vom Fußboden ringsherum massiv her. (Terrazzo, Zementputz oder Plattenbelag.)

Badewannen werden in verschieden Preislagen aus Zink, Steingut, emailliertem Eisen, teils mit ansitzenden Wasserverschluß fertig zum Versetzen angeliefert. (Fig. 52—54.)

m) Küchenentwässerung.

Als Fallrohre werden gußeiserne, asphaltierte Röhren (NA-Rohre) von 70 mm Durchm., seltener auch dickwandige Hartbleirohre von 50 mm Durchm.

Fig. 52.

Fig. 54.

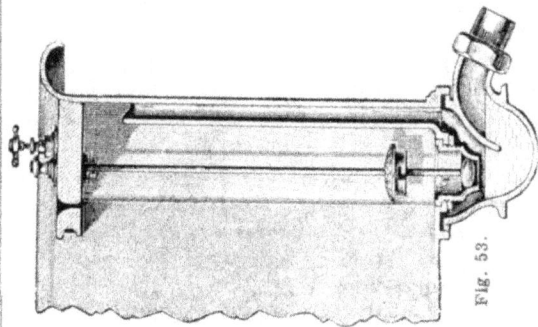

Fig. 53.

verwendet, die in fast allen Fällen genügen. Die
Rohre müssen innerhalb der Gebäude (frostfrei)
liegen und regelmäßig als Entlüftungsrohre bis über
Dach verlängert werden.

Durch entsprechende Abzweigungen sind die in
den einzelnen Stockwerken befindlichen Ausgußbecken (Spülsteine) aufzunehmen, die ausnahmslos
mit Geruchverschlüssen versehen sein müssen. Für
die Küchenausgüsse sind besondere Fallrohrleitungen
vorzusehen, eine Einführung in die Klosettfallrohre
ist nicht empfehlenswert (Fig. 55).

Die Rohre werden, um glatte Wandflächen zu
erhalten, mittels Rohrschlitze in die Wand einge-
lassen oder auch frei auf die Wände gelegt. Das
letztere ist vorzuziehen, da schadhafte Stellen leichter bemerkt werden und etwaige Reparaturen billiger
sind. Abweichungen von der senkrechten Lage,
welche durch die verschiedenen Mauerstärken bedingt sind, werden durch vorher zu biegende Stücke
oder durch Sprungröhren ausgeglichen.

Der Geruchverschluß aus Bleirohr, besser aus
Gußeisen, 50 mm Durchm. soll mindestens 10 cm
Wasserstand haben, reinigungsfähig, d. h. an seinem
unterem Teile mit einer Reinigungsschraube versehen
und nicht absaugbar sein. Fig. 56—58.

Um letzteres zu erreichen, legt man Ausguß
mit Geruchverschluß nahe an das Fallrohr, so daß
man einen Abzweig mit angegossenem Siphon und
besonderem Lüftungsrohr verwenden kann. Befestigt
wird der Geruchverschluß durch starke Rohrschellen,
damit eine Beschädigung durch untergeschobene
Eimer etc. verhütet wird.

Die Ausgußbecken bestehen aus emailliertem
Gußeisen, Fayence, Terrazzo, glasiertem Feuerton.

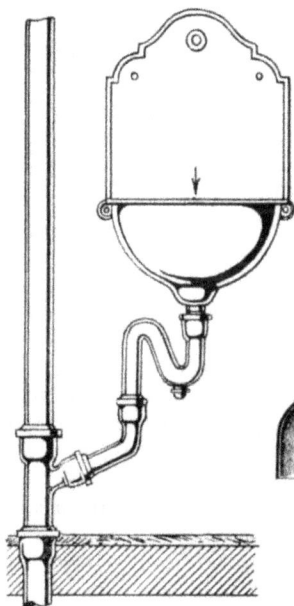

Fig. 55.

Fig. 56.

Fig. 57.

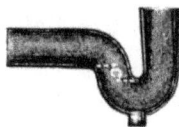

Fig. 58.

Letztere sind wegen der Reinhaltung am empfeh-
lenswertesten Ausgusse aus Werkstein kommen seltener vor.

Jedes Ausgußbecken muß mit einem festen Siebe
versehen sein, damit keine Kartoffelschalen, Scherben
und Speisereste in die Ableitung gelangen.
Die Querschnitte der unmittelbar an die Ausgüsse anschließenden Rohre sollen zusammen stets
kleiner sein als der Querschnitt des Fallrohres, so
daß beim Einschütten größerer Wassermengen ein
Leersaugen des durch Wasser gebildeten Geruchverschlusses nicht stattfinden kann.
Es dürfen die Öffnungen des festen Siebes zusammen nicht mehr als die Hälfte des freien Quer-
schnittes des Geruchverschlusses betragen. Über
jedem Küchenausguß muß sich ein Zapfhahn befinden.
Die vielfache Anordnung von Schränkchen unter dem
Ausguß ist ganz zu verwerfen, weil Beschädigungen des Geruchverschlusses dann erst recht stattfinden können und obendrein schwerer bemerkt werden. Im Innern sind die Schränkchen auch meistens
feucht und schmutzig und schwer rein zu halten.

In jeder besseren Wohnung sollte aus Reinlich-
keitsgründen neben dem Küchenausguß noch ein
kleines Waschbecken angebracht sein.

n) Die Kellerentwässerung.

Die Entwässerung des Kellers kommt nur dann
in Betracht, wenn
1. durch gewerbliche Anlagen in den unteren
   Räumen viel Abwasser entsteht;
2. die Waschküche daselbst liegt;
3. eine Ableitung des Grundwassers nötig wird.

An dem tiefsten Punkte des Kellerfußbodens wird zu diesem Zwecke ein gußeiserner Bodeneinlauf (Waschküchensinkkasten) mit möglichst großem, mindestens 10 cm weitem Ablauf, genau wie unter g) beschrieben, eingebaut und an die Leitung unter der Kellersohle angeschlossen.

Jeder Bodenablauf muß so angeordnet sein, daß sich darüber oder in unmittelbarer Nähe ein Zapfhahn befindet. Es ist dies nötig, um den Wasserverschluß von Zeit zu Zeit erneuern zu können.

Bevor man jedoch eine Kellerentwässerung anlegt, lasse man sich an zuständiger Stelle genau informieren, ob die Kellersohle noch so hoch über dem eventuell höchsten Wasserstand im Straßenkanal liegt, daß ein Rückstau, auch bei besonderen Anlässen (anhaltenden Niederschlägen usw.) nach dem Keller nicht zu befürchten ist. Im allgemeinen sollten überall da, wo die Sohle des Kellers nicht mindestens 1,5 m über der Rohrsohle des Straßenkanals vor dem Grundstück liegt, Rückstauverschlüsse eingebaut werden, deren Beschaffenheit und Anordnung in einem besonderen Abschnitt behandelt wird.

o) Klosetts.

Es sei vorausgesetzt, daß die Klosetts an die Entwässerung angeschlossen werden, wie dies bei einer vollständigen Anlage verlangt werden sollte. In diesem Falle wird man bestrebt sein, die bislang auf dem Hofe befindlichen Klosetts ins Haus zu verlegen, und zwar aus dreierlei Gründen:

1. der größeren Bequemlichkeit halber,
2. weil die Klosetts gegen Kälte mehr geschützt sind;

3. auch meist der Ersparnis halber, da vielfach
die lange Sohlenleitung nach den Hofklosetts
in Wegfall kommt.

Aborträume sind in der Regel an die Außenwände zu legen und in jedem Falle mit ins Freie führenden, zum Öffnen eingerichteten Fenstern zu versehen. Nur in ganz besonderen Fällen wird man
Klosetts in Räume ohne Außenfenster legen, muß
dann aber für eine wirksame Ventilation Sorge tragen.
Ferner ist bei der Wahl des Raumes zu berücksichtigen, daß derselbe möglichst warm liegt, um ein Einfrieren zu verhindern.

Auch ist darauf zu achten, daß bei großer Kälte
das Fenster geschlossen bleibt und die Zuflußleitung
an geeigneter Stelle abgesperrt wird.

Bei der Anlage eines Klosetts kommt es darauf
an, ob dasselbe im Hause selbst (also vor Frost
geschützt) oder als Hofabort aufgestellt werden
soll. Im ersteren Falle wählt man gewöhnlich
Klosetts, bei denen der Wasserverschluß im oder
am Klosettkörper selbst liegt, im andern Falle legt
man den Wasserverschluß frostfrei, d. h. auf die
Sohle der meistens vorhandenen alten Abortgrube
(Fig. 68).

Die Falleitungen der Klosetts werden stets aus
gußeisernen 100—150 mm, meist 125 mm weiten
asphaltierten Röhren (N.A.-Röhren) hergestellt, die
möglichst im Innern der Gebäude liegen und in
gerader Linie über Dach zu verlängern sind.

Die Befestigung der Fallrohre erfolgt an jedem
Rohr zweimal, einmal in der Mitte und einmal unterhalb der Muffe, außerdem bildet die Ummauerung
bei Durchführung durch die Decke eine weitere Befestigung.

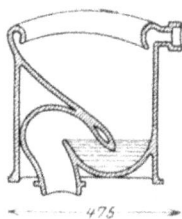

475

Fig. 59.

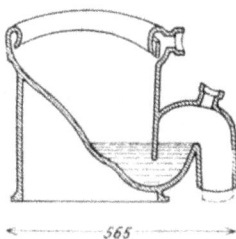

565

Fig. 60.

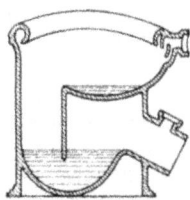

Fig. 61.

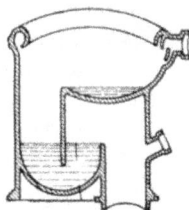

Fig. 62.

Verwendet werden kräftige Rohrhaken besser noch Rohrschellen, letztere in allen Fällen, wo die Rohre nicht fest an der Wand liegen.

Dachscheibe zur Dachandichtung und Regenkappe sind aus Zink.

Das komplette Klosett besteht aus:

1. dem Klosettbecken mit Sitzring;
2. dem Spülkasten mit Kette und Zug;
3. der Bleispülrohrleitung.

Klosettbecken werden hauptsächlich aus emailliertem Gußeisen, Fayence oder aus glasiertem Feuerton hergestellt. Die letzteren haben den Vorzug, sauber zu bleiben, was namentlich bei eisenemaillierten Becken auf die Dauer nicht der Fall ist.

Die Becken werden in allen möglichen Formen und verschiedensten Preislagen fabriziert. Man unterscheidet Ausspül- und Niederspülklosetts. Der Deckel ist aus Mahagoni- oder Eichenholz hergestellt und aufklappbar, damit das Klosett gleichzeitig als Pissoir und eventuell auch als Ausgußbecken dienen kann (Fig. 59—62).

Die Klosettkörper werden auf Holzfußboden direkt, auf Steinfußboden mittels einzementierten Dübel und Schrauben befestigt. Die Schraubenköpfe erhalten zur Vermeidung von Beschädigungen der Klosettkörper Gummiringe.

Die Dichtung zwischen Klosettkörper und Fallrohrstutzen hat in allen Fällen mit Teerstricke und Mennigekitt zu geschehen. Zementdichtung ist unzulässig.

Die Klosettabzweige müssen stets mit Stutzen versehen sein, in welche der Klosettkörperansatz gut hineinpaßt, damit in jedem Falle ein sicherer, passender Verschluß gewährleistet ist und der Körper

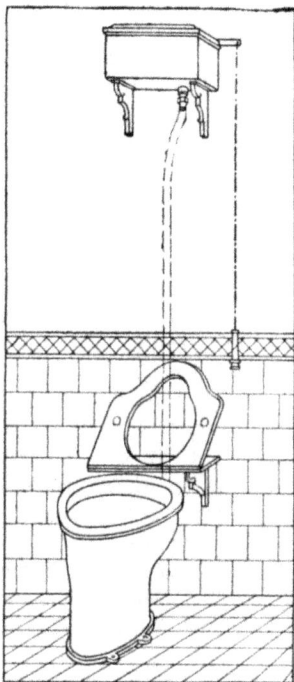

Fig 63.

Fig. 64.

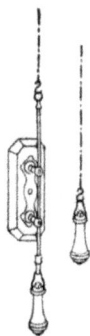

Fig. 65.

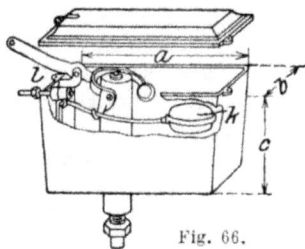

Fig. 66.

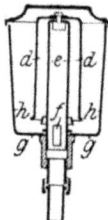

Fig. 67.

absolut festsitzt. Besonderes Augenmerk ist auch auf die Befestigung der Sitzbretter (Brillen) zu richten. Dieselben sollen so befestigt sein, daß die Brillenöffnung rundherum innen wie außen gleichmäßig 1—2 cm über dem Klosettkörperrand hervorsteht. Der letztere darf an keiner Stelle vorstehen. Auch muß die Brille überall fest aufliegen, darf nicht wippen, noch durch letzteren Übelstand den Klosettkörper wackelig machen oder die Scharniere beschädigen.

Der Klosettspülkasten erhält seinen Sitz unter der Decke, jedoch so, daß man den Deckel noch bequem abnehmen und den Spülkasten nötigenfalls untersuchen kann. Durch den Zug an der Kette wird nach Benutzung des Klosetts der Hebel angezogen und sogleich wieder losgelassen. Durch Ziehen des Hebels wird die Glocke d mit dem an derselben befestigten und mittels Gummiringes gedichteten Rohres e in die Höhe gehoben. Das Wasser kann nunmehr durch die Schlitze f in das Rohr eindringen und dasselbe füllen. Sobald nun nach Loslassen des Hebels die Glocke d mit dem Rohre e auch wieder heruntergefallen ist, wird durch den auf den Messingring g sich festaufdrückenden Gummiring h wieder ein dichter Abschluß gebildet und, da das Wasser inzwischen begonnen hat, durch das Abflußrohr zu fließen, ein Heber hergestellt, so daß der die Glocke d auch mit ausfüllende ganze Wasserinhalt des Kastens gezwungen wird, durch die oberen Schlitze i den Weg durch das Spülrohr zum Klosett zu nehmen, und zwar mit großer Kraft, bis der Wasserspiegel den unteren Rand der Glocke d erreicht hat. Der Heber ist dann nicht mehr vorhanden, weil Luft eintritt. Der ganze Vorgang dauert 3 bis 4 Sekunden. Da der Schwimmer *k* sich inzwischen mit dem Herausfließen des Wassers gesenkt hat, so füllt sich der Kasten allmählich wieder mittels des hierdurch geöffneten Hahnes *l*.

Neben diesem System gibt es natürlich noch eine Reihe bewährter ähnlich funktionierender Spülkästen.

Die Bleispülrohrleitung verbindet den Klosettspülkasten mit dem Becken und erhält eine lichte Weite von 40 mm. Die Rohrleitung liegt auf der Wand und erhält zur Befestigung in der Mitte eine messingene oder vernickelte Rohrschelle (Fig. 63 bis 67).

p) Pissoiranlagen.

Die einfachste moderne Pissoiranlage in Wohnungen bildet das freistehende Klosett mit aufgeklapptem Sitz.

Eine kleine besondere Pissoiranlage besteht gewöhnlich aus einem Schnabelbecken. Sehr zu empfehlen ist dabei eine im Fußboden eingelassene Tropfschale. Diese Becken bestehen aus emailliertem Gußeisen, Fayence oder glasiertem Feuerton, jedoch ist emailliertes Gußeisen nicht zu empfehlen. Pissoirbecken müssen mit Spülung und Geruchverschlüssen versehen sein. Pissoirbecken mit Ölsiphons haben sich nicht bewährt, weil sie meist unsachgemäß behandelt werden.

Einzelne Pissoirbecken sind mit 50 mm weiten Anschlußrohren in die Klosettableitung einzuführen (Fig. 69—70). Für Wirtschaften usw. ordnet man mehrere Becken an, von denen jedes einzelne mit einem Geruchverschluß versehen sein muß. Das

Frostfreies Hofklosett,

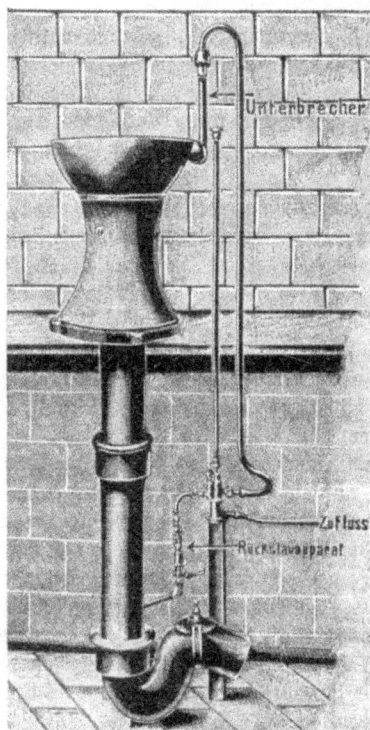

Fig. 68.

Fig. 70.

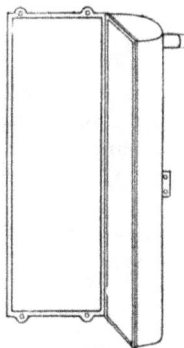

Fig. 69.

gemein same Ableitungsrohr ist dann 70 mm weit zu nehmen und mit der Fallrohrleitung zu verbinden. Eleganter, sauberer, zweckmäßiger sind die modernen Standpissoirs aus glasiertem Feuerton (Adamit).

Die Spülung erfolgt durch einen selbsttätig wirkenden Spülkasten von entsprechender Größe. Zu jeder Pissoiranlage gehört eigentlich auch eine Waschvorrichtung.

Ölpissoire haben sich besonders zweckmäßig erwiesen bei öffentlichen Bedürfnisanstalten, in Schulen und Kasernen, da alsdann auch eine regelmäßige Reinhaltung und Behandlung durch geschulte Leute gewährleistet ist.

Bei richtiger Reinigung und Ölbehandlung (etwa vierwöchentlich je nach Benutzung auch öfter) ist das Ölpissoir als solches einwandfrei. Der durch die Ölbehandlung entstehende Geruch ist angenehm (kühl und frisch). Ein Hauptvorteil besteht in der erheblichen Wasserersparnis, da außer dem Wasser zur gelegentlichen Reinigung keine Spülung erforderlich wird. Die Kosten für die Reinigung und Ölbehandlung betragen keinen nennenswerten Posten im Vergleich der Kosten für eine ordentliche Wasserbespülung. Öffentliche Ölpissoire sind praktisch mit glatter, oben etwas überhängenden Wandungen auszuführen, die ohne irgendwelche Ansätze glatt in die Rinnen übergehen.

Bei ganz einfachen Verhältnissen genügt auch eine Pissoirrinne aus Gußeisen, Terrazzo oder Zement, welche in einen gewöhnlichen Bodensinkkasten ausläuft. Eine periodische Spülung ist auch hier unerläßlich, da der sich überall ansetzende Urin schnell in Zersetzung übergeht und dann einen der Gesundheit schädlichen Geruch verbreitet. Liegt das Pissoir

in einem dem Frost ausgesetzten Raume auf dem
Hofe, so wird man zweckmäßig — namentlich bei
vorhandener alter Grube — den Wasserverschluß
frostfrei, d. h. etwa 1,0 m unter Terrain legen.

q) Die Reihenklosetts.

In öffentlichen Gebäuden, namentlich in Schulen,
Kasernen usw. und in Fabriken, wo viele Sitze er-
forderlich werden, kommen sog. Reihenklosetts zur
Anwendung.

Diese Anlagen haben den Vorteil, daß man 3 bis
9 Sitze mit einem Spülkasten versehen kann.

Dabei ist jede Sitzgelegenheit in sich abgeschlossen, und die Spülung, die selbsttätig (automatisch)
wirkt, kann nach Zeit und Wassermenge eingestellt
werden.

Die Reihenklosettanlage besteht aus dem Haupt-
sammelrohr, Doppelwasserverschluß, Standrohrstut-
zen, Klosettkörpern, Spülkasten mit Standheber,
Spülleitung und Saugerohr.

Die selbsttätige Spülung bewirken zwei Heber, von
denen der eine als Standheber im Spülkasten sitzt,
der andere den Abschluß der Sammelleitung bildet.

Die Spülleitung geht vom Spülkasten aus zu
den einzelnen Klosetts. In das Fallrohr dieser Leitung mündet oben das gekrümmte Saugerohr, welches
unten mit dem Scheitel des Hebers verbunden ist.
Beim Spülen wird das Saugerohr durch die fallende
Wassersäule zum Ansaugen gebracht. Sobald sich
der Spülkasten gefüllt hat, saugt der darin befindliche Heber an und das Wasser stürzt durch die
Spülleitung in die einzelnen Becken und in das
Sammelrohr.

Hierdurch tritt in dem Saugerohr Luftverdün-
nung ein, die den unteren Heber anzieht, wodurch
der im Sammelrohr und den Klosettkörpern befindliche Inhalt mit einem Male zum Abfluß gebracht
wird.

Dadurch, daß sich Sammelrohr und Klosettkörper unter der Heberwirkung schneller leeren als
der Spülkasten, füllt der Rest des darin befindlichen
reinen Wassers das System wieder bis zum Heber-
scheitel.

Wenn die Reihenklosettanlage in einem freiliegenden Abortgebäude untergebracht wird, ist es
nötig, die Sammelleitung frostfrei anzuordnen, d. h.
in eine unter dem Gebäude anzulegende Grube genügend tief einzubauen. Bei vorhandenen Abort-
gebäuden kann meistens die frühere Grube nach
gehöriger Reinigung und Instandsetzung dazu benutzt werden.

Jeder einzelne Klosettkörper wird dann mittels
Stutzrohr direkt auf das Sammelrohr montiert.

Das letztere sowie der untere Heber sind gehörig zu untermauern, worauf die Verbindung des
Hauptsammelrohres mit der Ableitung erfolgen kann.

Sammelleitung und Heber mit Wasserverschluß
werden am besten aus innen emailliertem Gußeisen,
die Spülrohrleitung und der Wasserkasten aus starkem, verzinktem Eisenblech, die Saugeleitung aus
Bleirohr hergestellt. Klosettkörper sind aus emailliertem Gußeisen, besser aus Feuerton oder Fayence
zu wählen.

Die auf S. 87 befindliche Skizze zeigt die Anordnung einer Spülabort- und Pissoiranlage, wie dieselbe in Schulen, Fabriken usw. vorteilhaft Anwendung findet.

Die Anlage umfaßt 8 Sitze und einen größeren, einfachen Pissoirraum und kann nötigenfalls nach links durch ein weiteres Spülsystem vergrößert werden.

Das Gebäude steht im Freien und diente früher, bevor die allgemeine Anschlußpflicht bestand, ebenfalls Abortzwecken. In die frühere Fäkaliengrube wurde dann das Reihenklosettsystem — wie ersichtlich — eingebaut (Fig. 71—74).

Als bekannte gute Systeme neben einigen anderen wären hier die Reihenklosettanlagen der Firmen C. Flügge, Hamburg, sowie die Isaria-Anlage von Tobias Forster, München, zu nennen.

r) Die Rückstauverschlüsse.

Der Zweck der Rückstauverschlüsse ist das wirksame Zurückhalten des Kanalwassers von tieferliegenden Kellerräumen.

Man unterscheidet mit der Hand zu bedienende und selbsttätige (automatische) Verschlüsse. Daneben gibt es auch Rückstauverschlüsse, die beide Arten vereinigen.

Grundsatz ist, keine Rückstauverschlüsse in die Hauptableitung zu legen; es haben vielmehr diese Verschlüsse in den Nebenableitungen unmittelbar vor den in diesem Falle auf das äußerste Maß zu beschränkenden Einläufen zu liegen. Alle übrigen Ausgüsse wie Wandbecken, Klosetts müssen unter allen Umständen über dem höchsten Rückstau liegen. Ein einfacher Verschluß ist der Abschlußschieber mit Handzug. Derselbe besteht aus einem Schieberdeckel, welcher sich mittels Keilschuhen in parallelen Führungsschienen bewegt. Diese sind unten schräg

Reihenklosett (Schema).

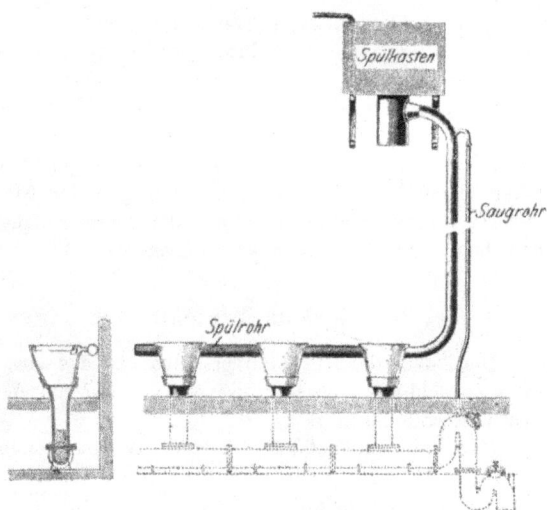

Fig. 71.

Anordnung über Fußboden.

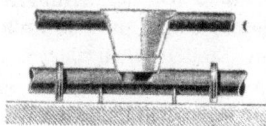

Fig. 72.

Reihenklosett-Anlage.

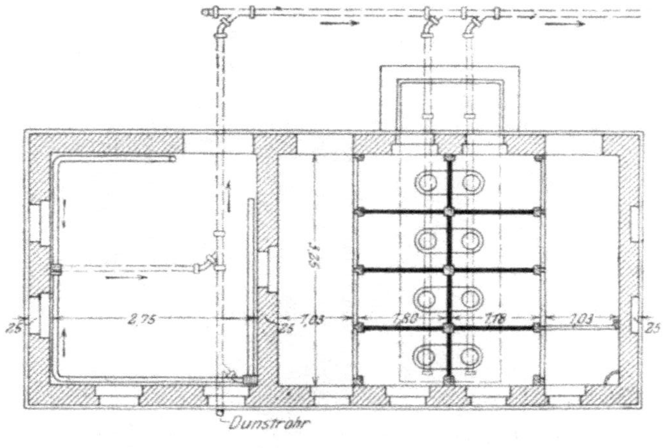

Fig. 74.

Spülkasten

3.53
3.20
2.00
0.02
1.10

Fig. 73.

Dunstrohr

3.25
2.75
2.03
1.78
1.80
1.05
1.25

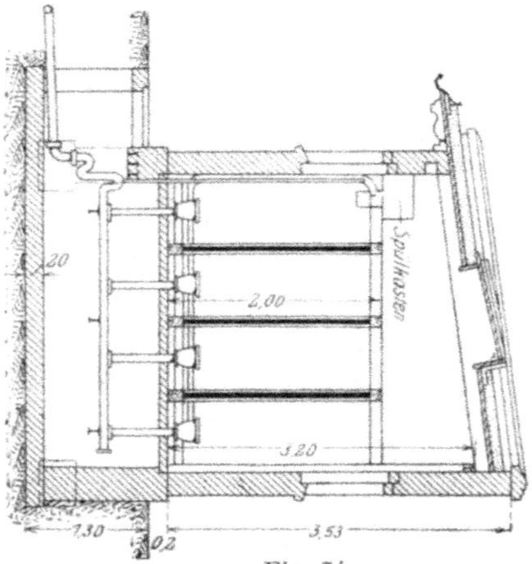

und bewirken den dichten Abschluß des Schiebers dadurch, daß sie den Schieberdeckel auf seinen Sitz niederdrücken. Die besonders der Rostbildung ausgesetzten Teile sind aus Metall hergestellt. Die Zugvorrichtung besteht aus einer in einer Stopfbüchse geführten Zugstange, welche mit Handgriff, Öse und Steckstift versehen ist. Den Stand des Schiebers kann man sofort daran erkennen, daß der Schieber bei hochgezogener Zugstange geöffnet und bei niedergeschobener Zugstange geschlossen ist.

Das Wesentliche bei dem Schieber ist, daß derselbe stets geschlossen gehalten und nur dann gezogen wird, wenn der daneben befindliche Bodeneinlauf benutzt werden soll.

Der Schieber wird, wie schon erwähnt, vor dem Bodeneinlauf eingebaut und mit letzterem durch kurze Stücke Eisenrohr verbunden. Dabei legt man den Schieber praktisch so an, daß die Zugstange möglichst an die Wand kommt und im Raum nicht hinderlich ist. Fig. 75—79.

Zweckmäßig sind Rückstauverschlüsse, welche aus einem Rückstauschieber mit feststehender Spindel nebst Standrad und einem oberhalb des Schiebers angeordneten Behnschen Rückstauventil bestehen. In der Praxis ließ man den einfachen Abschlußschieber häufig geöffnet stehen und bei über Nacht eintretendem Rückstau drang das Kanalwasser in die Kellerräume. Ein späteres Schließen war dann zwecklos. Um dies zu verhüten, ordnet man jetzt oberhalb des Schiebers eine Rückstauklappe an, wobei sich das Behnsche Rückstauventil als zweckmäßig erwiesen hat. Diese Rückstauverschlüsse werden ebenfalls nur in die Ableitungen der einzelnen Bödenabläufe eingebaut.

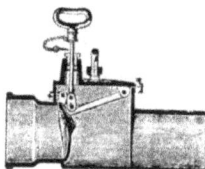

Fig. 76.

Fig. 75.

Fig. 77.

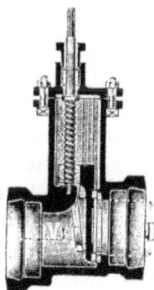

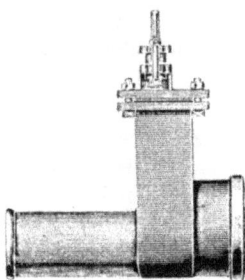

Fig. 78.

Fig. 79.

Das Patent Behn betrifft ein selbsttätiges Rückstauventil, welches deswegen einen sicheren Schutz
gegen das Eindringen des Kanalwassers bietet, weil
das Ventil sehr einfach konstruiert ist und sicher
funktioniert.

Die Abdichtung wird durch einen scharfen Mes-
singrand, gegen den das Hartgummiventil im Rück-
staufalle gedrückt wird. Außerdem ist die Hart-
gummiklappe gegen Zerstörung durch Abwässer,
selbst bei starkem Säuregehalt vollständig immun.
Er ist ferner hohl und so konstruiert, daß er nicht
durch den Wasserdruck, sondern durch den Auftrieb
des Wassers geöffnet und solange offen gehalten
wird und dadurch der Abfluß solange nicht behin-
dert wird, bis der höchst zulässige Rückstau erreicht ist. Erst dann sinkt es herunter und schließt
die Leitung gegen hohen Rückstau dichtschließend ab.

Ein weiterer Vorzug ist die jederzeitige sofortige
Zugängigkeit ohne jede Werkzeuge.

Bei den geschilderten Vorzügen müßte die Klappe
allein als Rückstauverschluß ausreichen. Da aber
auch diese wie alle anderen Klappen nicht vollkom-
men tropfendicht abschließt, so ist es für alle Fälle,
in denen Rückstau lange anhält, zweckmäßig, die
eingangs geschilderte Kombination anzuwenden.

Billig und sehr zweckmäßig ist auch eine Kombination der Behnschen Klappe mit einem Sinkkasten mit Schieber, wie letztere vielfach im Handel
zu haben sind.

Als sorgfältig gearbeitet haben sich noch die
von Geiger, Karlsruhe, fabrizierten selbsttätigen
Rückstauverschlüsse »System Lassen« erwiesen. Es
ist hier in einem gußeisernen Gehäuse an einem
Scharnierhebel eine Schwimmerkugel aufgehängt,

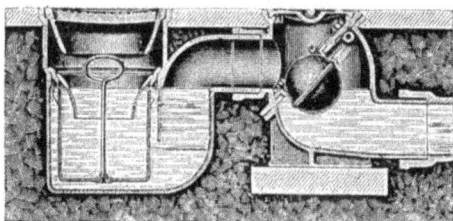

Fig. 80.   Fig. 81.

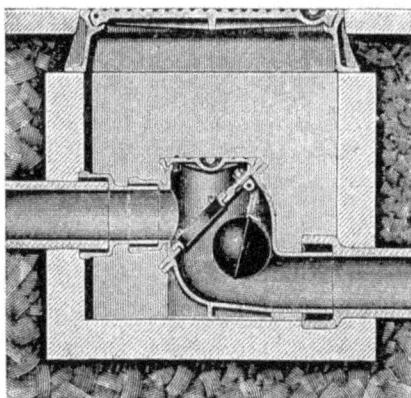

Fig. 82.

welche die Ablauföffnung der Zwischenwand für gewöhnlich weit genug offen hält, so daß freier Durchfluß vorhanden ist.

Sobald ein Rückstau eintritt, wird die Kugel vom Wasser gehoben und dicht gegen einen an der Ablauföffnung sitzenden Gummiring gepreßt. Der Gummiring ist so angeordnet, daß ein wasserdichter Abschluß möglich ist. Die Auswechselung des Ringes sowie die Reinigung des Gehäuses erfolgt durch eine mit Verschlußdeckel versehene Öffnung. Fig. 80—82.

Die vielen anderen selbsttätigen Rückstauverschlüsse haben fast alle mehr oder weniger Mängel aufzuweisen. Verschlüsse mit Schwimmkugel aus Metall haben den Nachteil, daß letztere vom Schmutzwasser angegriffen wird.

Kugelverschlüsse werden häufig undicht und damit unwirksam.

IV. Kosten.

a) Allgemeines.

Für den ausführenden Unternehmer besonders ist die Ermittlung der Kosten vor der Ausführung von großer Wichtigkeit, da hiervon in vielen Fällen der Auftrag zu der betreffenden Anlage abhängt. Die Gesamtkosten hängen bei gleicher Ausführung natürlich von den ortsüblichen Preisen für Material und Arbeitslohn wesentlich ab, und es muß dem Ausführenden überlassen bleiben, die Einheitspreise den örtlichen Verhältnissen anzupassen.

Als Grundlage für die Aufstellung des Kostenanschlags dient in erster Linie das fertig vorliegende Entwässerungsprojekt, dann die Materialientabelle, deren Schema in besonderem Abschnitt dargestellt ist; ferner ist eine eingehende, vorherige Besichtigung des zu entwässernden Grundstückes erforderlich.

Bei dieser Besichtigung wird das Hauptaugenmerk auf die Punkte zu richten sein, die aus der Zeichnung nicht hervorgehen, z. B. auf die Beschaffenheit der Fußböden, falls die Hauptableitung durch den Keller geht, ferner auf das Material und die Stärke der zu durchbrechenden Fundamente und anderen Mauern; bei außerhalb liegender Ab-

leitung, ob Grundwasser vorhanden ist oder Bau-
teile irgendwelcher Art (nachbarliche Grenzmauern
etc.) durch besonders vorsichtiges Absteifen etc. geschützt werden müssen.

Auch ist es nötig, daß sich der Unternehmer,
wie schon an anderer Stelle erwähnt ist, genau mit
den erlassenen polizeilichen Vorschriften bekannt
macht, damit er weiß, welche Kanalisationsgegen-
stände zugelassen bzw. vorgeschrieben sind.

Die Preise schwanken je nach Qualität erheblich; deshalb ist es ratsam, im Text des Anschlages
genau auszuführen, welche Konstruktion bzw. welches Modell (bei Eisenteilen auch unter Angabe des
Gewichtes) gemeint ist.

Die Erdarbeiten werden nach Kubikmeter aus-
gehobenem Boden berechnet, also von der Erdoberfläche bzw. Pflasteroberkante bis zur Baugrubensohle. In den Erdarbeiten ist im allgemeinen mit
einzuschließen das

    Ab- und Aussteifen der Baugrube,
    Abfuhr des überflüssigen Bodens,
    Vorhalten der Arbeitsgeräte und Steifhölzer.

Die Rohrleitungen werden in der wirklich verlegten Länge gemessen. Abzweige, Bogen usw sind
besonders als Zulage zu berechnen.

Der Einheitspreis für das lfd. m fertige Leitung
umfaßt in der Regel alle zur Herstellung notwendigen
Nebenleistungen, insbesondere das Dichten der einzelnen Muffen ev. auch Umhüllen derselben, Ebnen
der Baugrubensohle zum Verlegen, Vorhalten sämtlicher Bau- und Arbeitsgeräte.

Hofsinkkasten, Bodeneinläufe, Revisionsschächte
etc. werden einschließlich Versetzen aller Materialien

in Rechnung gestellt und sind vorher zur Ermittlung der Selbstkosten genau zu kalkulieren.

In dem nachstehenden Beispiele zu einem Kostenanschlage ist angenommen, daß die Klosetts an die Entwässerungsanlage angeschlossen werden. Die bestehenden Gruben sind natürlich vorher gehörig zu reinigen und auszulüften. Die hierfür aufzuwendenden Kosten sind im Kostenanschlag nicht enthalten.

Die im Anschlag eingesetzten Preise sind im allgemeinen den norddeutschen angepaßt; es muß jedoch dem Ausführenden überlassen bleiben, den ortsüblichen Preis durch genaue Kalkulation festzustellen und einzusetzen.

Bei überschläglicher Kostenberechnung rechnet man nach Lueger zwischen 1 und 2 Mk. für jeden qm Stockwerksfläche, wobei auch die Keller und die bewohnten Dachgeschosse als Stockwerke zu zählen sind.

Nach einer anderen Methode nimmt man den lfd. m Kanal und Fallrohr, einschl. aller Nebenanlagen, also Klosetts, Hofsinkkasten usw. mit 12 bis 15 Mk. für ein gewöhnliches Wohnhaus an.

Ganz überschläglich betragen die Entwässerungskosten eines Hauses etwa 3% der gesamten Bausumme.

b) Kostenanschlag

betr. die Herstellung einer Hausentwässerungsanlage auf dem Grundstück Jägerstr. Nr. 10 für Herrn August Müller daselbst.

Pos.	Stückzahl	Gegenstand	Im einzelnen $\mathcal{M}$	$\mathcal{S}$	Im ganzen $\mathcal{M}$	$\mathcal{S}$
		A. Grundleitung etc.				
		$10,0 \cdot 1,5 =$				
1	15,00	qm gewöhnliches Hofpflaster vorher auf-zunehmen und nach Zufüllung der Baugrube wieder herzustellen, einschl. Zulieferung der etwa fehlenden Steine	1	—	15	—
		Hauptstrang $32,50 \cdot 0,80 \cdot 2,0$ i. M. $= 52,00$				
		Ausgußleitung $7,0 \cdot 0,80 \cdot 1,40$ i.M. $= 7,84$				
		Bodeneinlauf d. Waschküche $1,0$ $\cdot 0,80 \cdot 0,75 \ldots \ldots = 0,60$				
		Klosett $7,0 \cdot 0,80 \cdot 1,40$ i. M. $. = 7,84$				
		Hofsinkkasten $3,50 \cdot 0,80 \cdot 1,40$ i.M. $= 3,92$				
		Spülküche $4,0 \cdot 0,80 \cdot 1,0$ i. M. $. = 3,20$				
		Hofklosett $4,50 \cdot 0,80 \cdot 0,75 \ldots = 2,70$				
		$\overline{\text{cbm } 78,10}$				
2	78,10	cbm Erde der Rohrgräben nach Zeich-nung auszuheben, einschl. Vorhalten der erforderlichen Absteifmaterialien, Wiedereinfüllung des Bodens unter sorgfältigem Stampfen der einzelnen Schichten, auch einschl. der Abfuhr des übrig bleibenden Bodens . . .	1	50	117	15
		Hauptstrang $13,50 + 17,00 = 30,50$				
		zum Klosett 7,50				
		zum Hofsinkkasten 3,50				
		zum Hofklosett 4,50				
		2 Spülstutzen $1,5 + 1,5 . = 3,00$				
		$\overline{49,00}$				
		Zu übertragen			132	15

Pos.	Stück-zahl	Gegenstand	Im einzelnen		Im ganzen	
			M	*₰*	*M*	*₰*
		Zu übertragen			132	15
3	49,00	lfdm. Steinzeugrohrleitung, 150 mm l.W., herzustellen, einschl. Liefern und Verlegen der Röhren, Dichten der Muffen mit Teerstrick und Asphalt, einschl. aller Nebenarbeiten . . .	2	50	122	50
4	5	Stück Abzweige, 150/150 mm l. W., anzuliefern und zu verlegen als Zulage zu Pos. 3	2	50	12	50
5	2	Stück Abzweige, 150/100 mm, sonst wie vor	2	50	5	—
6	7	Stück Bogen, 150 mm ϕ, sonst wie vor	2	—	14	—
7	3	Stück Verschlußteller, 150 mm ϕ, anzuliefern und einzusetzen, einschl. der Tondichtung	—	60	1	80
8	—	Stück Übergangsrohr, 150/100 mm, anzuliefern und zu verlegen als Zulage	1	50	—	—
		zum Ausgußbecken. . . . 8,00 zum Waschkücheneinlauf . 1,00 zur Spülküche . . . . . 4,50 ———— 13,50				
9	13,50	lfd. m Steinzeugrohrleitung, 100 mm l W., herzustellen, einschl. Liefern und Verlegen der Röhren, Dichten der Muffen mit Teerstrick und Asphalt, einschl. allen Nebenarbeiten . . .	2	—	27	—
10	1	Stück Abzweig, 100/100 mm l W., anzuliefern und zu verlegen als Zulage zu Pos. 9	2	—	2	—
11	3	Stück Bogen, 100 mm l.W., sonst wie vor	1	50	4	50
12	—	Stück Verschlußteller, 100 mm ϕ, anzuliefern und einzusetzen, einschl. der Tondichtung	—	50	—	—
		Zu übertragen			321	45

Pos.	Stück-zahl	Gegenstand	Im einzelnen		Im ganzen	
			ℳ	₰	ℳ	₰
		Zu übertragen			321	45
13	1,78	$0,64 + 0,38 + 0,38 =$ lfdm. Fundamentmauern durchzustemmen, einschl. Vorhalten der Werkzeuge und Wiederbeimauern der Öffnungen nach dem Verlegen	6	—	10	68
14	5,0	qm Zementfußboden der Waschküche aufzuschlagen und nachdem wieder herzustellen	3	—	15	—
15	5,5	qm Ziegelpflaster des hinteren Kellers der Spülküche aufzuschlagen und nachdem wieder herzustellen . . .	1	50	8	25
16		Für teilweises Aufnehmen und Wiederherstellen des Holzfußbodens im Hofklosett zum Nachweis			5	—
17	1	Stück kompl. Revisionsschacht, bestehend aus 2 Zementbetonringen und der Aufmauerung aus hartgebrannten Ziegelsteinen in Zementmörtel herzustellen, einschl. Einbringen einer 10 cm starken Betonsohle, Liefern und Verlegen der gußeisernen, befahrbaren Schachtabdeckung, auch einschl. Liefern und Einsetzen der Steigeeisen sowie der Mehr-Erdarbeiten			70	—
18	2	Stück gußeis. Haussinkkasten 0,20 ϕ (Bodeneinläufe) für die Wasch- und Spülküche, bestehend aus Kasten mit Wasserverschluß, Eimer und Rost anzuliefern, zu versetzen und an die Leitung anzuschließen	15	—	30	—
		Zu übertragen			460	38

Pos.	Stück-zahl	Gegenstand	Im einzelnen		Im ganzen	
			ℳ	₰	ℳ	₰
		Zu übertragen			460	38
19	1	Stück kompl. Steinzeug-Hofsinkkasten, 0,30 φ, bestehend aus Unterteil mit Wasserverschluß, Zwischenstück und Zarge mit Rost einschl. herausnehmbarem, verzinktem Eimer anzuliefern, zu versetzen und anzuschließen, einschließlich Herstellung der Umpflasterung	36	—	36	—
20	1	Entwässerungsprojekt auf Grundlage der vorhandenen Gebäudezeichnungen angefertigt			15	—
21		Für Untermauern von etwa vorhandenen alten Rohrleitungen etc. für Unvorhergesehenes zum besonderen Nachweis und zur Abrundung			38	62
		Summa A. Grundleitung			550	—

B. Installation.

Klosettleitung.

Keller	2,40 m
Erdgeschoß . . .	3,70 »
Über Dach . . .	2,00 »

Pos.	Stück-zahl	Gegenstand	Im einzelnen		Im ganzen	
22	8,10	stgdm. Klosettfallrohr, 100 mm l. W., innen und außen asphaltiert, anzuliefern und anzubringen, einschließl. Dichten der Muffen mit Weißstrick und Blei	5	50	44	55
23	1	Stück Übergangsrohr 150/100			2	50
24	1	Stück Klosettabzweigung, 100/100 mm l. W., als Zulage	3	—	3	—
		Zu übertragen			50	05

Pos.	Stück-zahl	Gegenstand	Im einzelnen ℳ	₰	Im ganzen ℳ	₰
		Zu übertragen			50	05
25	2	Stück Gußbogen, 100 mm l. W., sonst wie vor	2	50	5	—
26	5,0	stgdm. Zinkdunstrohr, Nr. 13, 100 mm l. W., als Entlüftungsleitung an der Außenwand anzuliefern und anzubringen, einschl. der erforderlichen Bogen und Knie, Befestigungseisen sowie der Dunsthaube.	3	50	17	50
27	1	Stück freistehendes Fayence-Spülklosett mit Trapps, bestehend aus Becken, Mahagonisitzbrett (aufklappbar), Spülkasten mit Kette und Zug, Konsolen sowie der Bleispülrohrleitung komplett anzuliefern und aufzustellen .	65	—	65	—
28	2	Stück gewöhnliche Deckendurchbrüche herzustellen, einschl. späterem Wiederandichten	3	—	6	—
29	1	Stück Dachandichtung besonders sorgfältig herzustellen, einschl. Lieferung des Materials			3	
		Küchen- und Badeleitung. Keller . . . . 2,40 m Erdgeschoß . . . . . 3,70 › I. Stockwerk . . . . . 3,70 › II. Stockwerk u. über Dach 3,00 › 12,80 m				
30	12,80	stgdm. gußeis. Muffenrohrleitung, 70 mm l. W., fix und fertig herzustellen, einschl. aller Nebenarbeiten . . .	4	—	51	20
31	1	Stück Übergangsrohr, 100/70 mm l. W., als Zulage zu Pos. 30	1	20	1	20
		Zu übertragen			198	95

Pos.	Stück-zahl	Gegenstand	Im einzelnen ℳ	Im einzelnen ₰	Im ganzen ℳ	Im ganzen ₰
		Zu übertragen			198	95
32	4	Stück Abzweige, 70/70 mm l. W., sonst wie vor	2	30	9	20
33	6,0	lfdm. Bleiabflußrohr, 50 mm l. W. mit 4 mm starken Wandungen anzuliefern und fertig anzubringen	3	—	18	—
34	4	Stück Bleibogen, 50 mm, als Zulage zu Pos. 33	1	50	6	—
35	3	Stück Bleigeruchverschlüsse, 50 mm, mit Schellen, sonst wie vor	3	50	10	50
36	2	Stück gewöhnliche gußeis. emaillierte Ausgußbecken mit Rückwand anzuliefern und fertig anzubringen . . .	8	—	16	—
37	1	Stück freistehende Gußeisen-Badewanne mit emailliertem Wulst komplett anzuliefern und aufzustellen	90	—	90	—
38	3	Stück Deckendurchbrüche herzustellen einschließl. späteren Wiederandichten und der Materialienlieferung . . .	6	—	18	—
39	1	Stück Dachandichtung aus Zink einschließlich aller Nebenarbeiten herzustellen	4	50	4	50
40	1	Stück Zinkdunsthaube anzuliefern und aufzubringen, einschl. des Stutzrohres	1	50	1	50
		Entlüftung des Hofaborts				
41	4,5	stgdm. gußeis. Dunstrohr bis 1,0 m über Dach, 10 cm l. W, anzuliefern und anzubringen	5	—	22	50
42	1	Stück Dunsthaube dazu einschl. Dachandichtung			2	50
		Zu übertragen			397	65

Pos.	Stück-zahl	Gegenstand	Im ein-zelnen		Im ganzen	
			$\mathcal{M}$	$\mathfrak{H}$	$\mathcal{M}$	$\mathfrak{H}$
		Zu übertragen			397	65
43		Für Nachputzen der Wände usw., für Unvorhergesehenes zum besonderen Nachweis und zur Abrundung . . .			52	35
		Summa B. Installation			450	—
		Zusammenstellung.				
		A. Grundleitung etc.			550	
		B. Installation			450	—
		Zusammen			1000	

V. Instandhaltung.

Soll die Entwässerungsanlage vollständig ihren Zweck erfüllen, so ist eine regelmäßige Reinigung und Untersuchung der einzelnen Teile erforderlich.

Die dazu nötigen Arbeiten werden in möglichst nicht zu großen Zwischenräumen vorgenommen, damit Verstopfungen der Anlage rechtzeitig bemerkt und beseitigt werden können.

Der Hausbesitzer oder sein Beauftragter lassen sich über das Zusammenwirken der einzelnen Ableitungen sowie über die Lage und Konstruktion der Einläufe zweckmäßig eingehend unterrichten.

Größere Reparaturen infolge Vernachlässigung der Anlage erfordern verhältnismäßig hohe Kosten, abgesehen von den damit verbundenen sonstigen Unannehmlichkeiten.

Zum Zwecke der regelmäßigen Reinigung der Anlage werden alle Eimer der Hof- und Haussinkkasten, Fettfänge, Regenrohreinläufe usw. herausgenommen und entleert; die Sinkkasten selbst von etwaigem Schlamm, Fasern gereinigt und ausgespült.

Das Wiedereinsetzen der Eimer erfolgt unmittelbar nach der Reinigung der einzelnen Einlaufstelle.

Die sorgfältige Reinigung der Fettfänge, insbesondere dort, wo es sich gleichzeitig um Fettgewinnung handelt, ist bereits beim Kapitel »Fettfänge« beschrieben.

Klosettanlagen müssen stets kräftige Spülung mit mindestens 10 l Wasser nach jeder Benützung haben, und ist darauf zu achten, daß keine Scherben, Scheuertücher, Watte u. dgl. in die Rohre gelangen.

Bei nicht frostfreiliegenden Anlagen ist die Leitung bei strenger Kälte mit Salzwasser offen zu halten oder der betr. Raum — wenn möglich — durch eine Flamme zu erwärmen.

Im Kapitel »Rückstauverschlüsse« ist schon darauf hingewiesen, daß letztere einer ganz regelmäßigen Reinigung bedürfen, wenn ein Funktionieren im kritischen Augenblick erwartet werden soll.

Es gilt dies besonders für etwa vorhandene selbsttätige (automatische) Rückstauverschlüsse.

Regelmäßig zu untersuchen ist die Anlage darauf hin, daß der Revisionskasten stets gehörig dicht verschlossen ist, ferner daß sich keine Muffenundichtigkeiten bei freiliegenden Rohren zeigen.

Alle Wasserverschlüsse (Siphons) müssen bei längerer Nichtbenutzung mit Wasser aufgefüllt werden.

Undichtigkeiten an Rohren, Revisionskasten und Wasserverschlüssen lassen den Kanaldunst in die Räume dringen. Vielfach macht sich Kanalgeruch infolge nicht in Ordnung befindlicher Wasserverschlüsse in wenig oder nicht benutzten Baderäumen bemerkbar.

Verstopfungen entstehen meistens durch ungenügende oder unrichtige Behandlung der Anlage. Daneben können aber auch Mängel bei der Ausführung, die sich erst später zeigen, die Ursache der Verstopfung bilden.

Im ersteren Falle fehlt die regelmäßige Reinhaltung und Untersuchung, so daß Gegenstände in
die Ableitung gelangen können, die nicht hinein-
gehören; im anderen Falle wird die Verstopfung
durch fehlerhaftes Material (Rohrbrüche) oder durch
mangelhafte Verlegung (schlechte Dichtung, Rohrsenkungen) hervorgerufen. Daneben können natürlich auch sonstige äußere Einwirkungen ein Funktionieren der Anlage in Frage stellen.

Nur in wenigen Fällen wird der Hauseigentümer
derartige Verstopfungen selbst beseitigen können, da
die Feststellung des Mangels eine genaue Sachkennt-
nis voraussetzt.

Während die Beseitigung des Übelstandes, der
auf nicht genügende Reinhaltung zurückzuführen ist,
in der Regel mit planmäßigem Durchstoßen und
Spülen der Leitungen behoben werden kann, sind
später auftretende Mängel in der Ausführung meistens nur durch Freilegung des betreffenden Rohr-
teiles zu beseitigen.

Vor dem planmäßigen Durchstoßen der Leitungen
wird durch Öffnen des Revisionskastens zunächst festgestellt, ob die Verstopfung vor dem letzteren oder
dahinter liegt. Ist das Revisionsrohr wenig oder gar
nicht mit Wasser gefüllt, so liegt die Verstopfung
meistens innerhalb des Grundstücks; ist dagegen
das Rohr ganz gefüllt oder läuft es über, so ist an-
zunehmen, daß entweder der Straßenanschluß nicht
funktioniert oder aber bei besonders tiefliegenden
Kellern das Wasser der Hauptleitung der Straße
zurückstaut.

Unbedingt maßgebend ist diese Feststellung
jedoch nicht, da, wie früher bemerkt, auch Rohrbrüche, Rohrsenkungen woher innerhalb des Grund-

stückes vorkommen können. Im letzteren Falle ist
die Beseitigung der Verstopfung eben nur durch
Freilegung des betreffenden Teiles und Erneuerung
desselben möglich. Immerhin ist es von Wichtigkeit
zu wissen, von wo aus eine Verstopfung beseitigt
werden kann.

Zum Durchstoßen der Ableitungen bedient man
sich eines starken biegsamen Rohres, an welchem man
sich die Länge der zu durchstoßenden Ableitung mar-
kiert, um festzustellen, wie weit dieselbe frei ist.
Auf diese Weise werden die einzelnen Teilstrecken
freigemacht, wobei natürlich das Durchspülen mit
Wasser die Hauptsache ist.

Wird eine Freilegung der Rohrleitung zur Beseitigung schadhafter Stellen notwendig, so ist große
Sorgfalt in bezug auf die Einlage der neuen Paß-
stücke und deren Dichtung nötig. Alle Stoßstellen
sind nach dem Dichten außerdem mit einer Zement-
bzw. Tonwulst zu umgeben.

Soweit Ableitungen durch alte vorhandene Gruben gehen, muß schon bei der Anlage darauf geachtet werden, daß diese Gruben nicht mit Boden
verfüllt werden, da gerade von hier aus durch zweckmäßig eingebaute Revisionsstutzen bzw. Kästen die
Ableitung kontrollfähig gemacht werden kann.

An dieser Stelle wird noch darauf hingewiesen,
daß die Entwässerungszeichnung mit etwaigen Nach-
trägen usw. zu den Hausakten des Eigentümers zu
nehmen ist, damit sich im Notfalle nicht nur der
Hersteller der Anlage sondern auch jeder andere
hinzugezogene Fachmann über die Lage der Ableitungen usw. schnell unterrichten kann.

VI. Verschiedenes.

---

welche in die einheitliche Entwässerung nur die
Regenwässer und sonstigen Abwässer — nicht aber
die Klosetts aufnimmt.

1. In denjenigen Straßen der Stadt, welche
bereits mit vorschriftsmäßigen, an die einheitliche
Kanalisation angeschlossenen Straßenkanälen versehen sind oder in denen solche demnächst angelegt werden, ist jedes bebaute Grundstück, auf
welchem Abwässer irgendwelcher Art sich bilden,
durch ein besonderes Anschlußrohr an den Straßenkanal anzuschließen.

Die Verpflichtung zum Anschluß liegt nach
Wahl der Polizeibehörde dem Eigentümer sowie
dem Nutznießer (Pächter, Mieter usw.) ob. Diese
Personen sind auch für die Befolgung der übrigen
polizeilichen Vorschriften verantwortlich.

Hat ein Grundstück mehrere Nutznießer, so
kann die Polizeibehörde behufs Erfüllung aller Ver-
pflichtungen aus dieser Polizeiverordnung sich nur
an den Eigentümer halten.

Durch das genannte Rohr ist das Haus- und
Wirtschaftswasser sowie das Regenwasser in den
Kanal abzuführen. Letzteres wird in denjenigen
Straßen nicht in den Kanal aufgenommen, deren
Niederschlagswasser oberirdisch den die Stadt durch-
ziehenden Bächen zugeführt werden kann. Das hof-
wärts angesammelte Regenwasser kann jedoch auch
in diesem Falle ausnahmsweise dem Kanalanschluß

zugeführt werden, wenn die Ableitung desselben in die Bäche oder zur Straße mit erheblichen Schwierigkeiten verbunden ist.

2. Feste Stoffe, wie Küchenabfälle, Mull, Kehricht, Sand, Asche u. dgl. sowie tierische und menschliche Exkremente, ferner Flüssigkeiten, die entweder eine höhere Temperatur als 40° C haben oder welche Chemikalien enthalten, durch welche die Kanalwandungen beschädigt werden können, dürfen dem Kanal nicht zugeführt werden. Insbesondere ist es untersagt, die Entwässerungsrohre mit den Aborten und Abortgruben, mit Mistgruben, Dungstätten und Viehställen in Verbindung zu setzen.

Abwässer aus gewerblichen Anlagen dürfen nur mit Genehmigung der Polizeibehörde in die Kanäle eingeführt werden, nachdem vorher die Entscheidung des Regierungspräsidenten über die Herstellung der Kläreinrichtungen für die Abwässer eingeholt worden ist.

Pissoirs, die mit einer fortwährenden Spülung versehen und so angelegt sind, daß die Unabhängigkeit des Abflusses von etwaigen, benachbarten Abortanlagen überwacht werden kann, dürfen mit besonderer Genehmigung der Polizeibehörde an die Entwässerungsanlagen angeschlossen werden.

3. Den Zeitpunkt, bis zu welchem die bebauten Grundstücke an den bereits vorhandenen bzw. in Ausführung begriffenen Straßenkanal anzuschließen sind, bestimmt die Polizeiverwaltung im Einvernehmen mit der Stadtverwaltung durch öffentliche Bekanntmachung. Irgendwelche Schmutz- oder Spülwasser dürfen den die Stadt durchziehenden Bächen, Stollen oder dem Fabrikkanal an kanalisierten Straßen nicht mehr zugeleitet werden. Inwiefern und unter welchen Bedingungen dieses an anderen Straßen zulässig ist, entscheidet auf Antrag in jedem einzelnen Falle die Polizeibehörde im Einvernehmen mit der Stadtverwaltung.

Innerhalb 6 Wochen nach erfolgter Bekanntmachung sind die Eigentümer bzw. Nutznießer etc. der in den betreffenden Straßen gelegenen bebauten

Grundstücke gehalten, der Ortspolizeibehörde eine vollständige Zeichnung der beabsichtigten Entwässerungsanlage in zweifacher Ausfertigung mit schriftlichem Antrage auf Genehmigung vorzulegen.

Die Angaben über die Tiefenlage des Straßenkanals werden dem Antragsteller auf dem Bauamte erteilt.

Nach Erteilung der Genehmigung ist die Ausführung der Anlage unverzüglich in Angriff zu nehmen und spätestens innerhalb der festgesetzten Frist zu vollenden.

Eine Verlängerung dieser Frist findet nur ausnahmsweise unter Berücksichtigung etwa vorliegender besonderer Umstände statt. Die Anlage darf nicht eher in Benutzung genommen werden, bis die Baupolizeibehörde dazu die Genehmigung erteilt hat. Von der Fertigstellung der Anlage ist letzterer schriftlich Mitteilung zu machen.

4. Die dem Antrage beizufügenden Zeichnungen, welche bei Neubauten, wenn irgend tunlich, mit dem Hauptbaugesuche zu vereinigen sind, müssen enthalten:

a) die Lage des ganzen Grundstückes und der auf denselben stehenden Gebäude im Maßstabe nicht kleiner als 1 : 500;

b) die Grundrisse aller Geschosse, welche mit der Entwässerungsanlage verbunden werden, im Maßstabe 1 : 100;

c) ein Durchschnitt der zu entwässernden Gebäude und Höfe in der Richtung des Hauptentwässerungsrohres im Maßstabe 1 : 100 mit Angabe der Lage des Straßenkanals.

Aus den Zeichnungen müssen die Einzelheiten der Entwässerungsanlage, besonders die Lage und lichte Weite der Entwässerungs- und Entlüftungsrohre mit ihren Anschlüssen im Grundriß und Schnitt ersichtlich sein.

5. Die Weite der Hauptableitung soll in der Regel 150 mm betragen; für besonders kleine Grundstücke ist auch eine Hauptableitung von 100 mm Weite zulässig.

Die Genehmigung von Hauptableitungen mit
größerer Lichtweite als 150 mm kann nur ausnahmsweise erfolgen.

Jedes Grundstück muß eine selbständige Anschlußleitung erhalten; unter besonderen Umständen kann eine zweite und dritte Anschlußleitung
gestattet werden.

Mehrere Grundstücke an eine Anschlußleitung
anzuschließen, ist nicht gestattet. Die Ableitung
muß in der Vertikal- und Horizontalprojektion eine
möglichst gerade Linie bilden; das Gefälle muß möglichst gleichmäßig verlaufen.

Das Mindestgefälle soll 1 : 100 und das Größt-
gefälle 1 : 20 betragen. Der Anschluß an den
Straßenkanal muß unter Benutzung der vorhandenen Einmündungsformstücke und in der Horizontalen unter einem Winkel von 60° erfolgen.

6. Die Dichtung der Stöße muß unter Verwendung geeigneten Materials luft- und wasserdicht erfolgen.

7. Alle Nebenableitungen müssen von der Was-
seraufnahmestelle ab in tunlichst direkter Linie der
Hauptableitung zugeführt werden. Sie dürfen niemals, weder in der horizontalen noch in der ver-
tikalen Ebene, rechtwinklig in das Hauptrohr ein-
gemündet werden, sondern sind stets unter Verwendung geeigneter Krümmer unter einem möglichst spitzen Winkel anzuschließen.

Die Ableitungen von 80 bis 150 mm Weite
sollen entweder aus hartgebrannten, innen und außen
glasierten Steinzeugröhren oder aus gußeisernen,
innen und außen asphaltierten Röhren bestehen.
Leitungen von geringerer als 80 mm Weite müssen
aus Gußeisen oder starkwandigen Bleiröhren gefer-
tigt werden.

8. Alle in den Gebäuden liegenden Ableitungen,
welche dem Rückstau durch Hochwasser ausgesetzt
oder frei über der Kellersohle angebracht sind, müssen in Gußeisen mit Muffendichtung aus Blei hergestellt werden.

9. Jeder Spülstein, jeder Ausguß oder sonstige
Ablauf muß mit einem festen Siebe und mit einem

Geruchverschluß versehen sein. Überall, wo ein periodisch wiederkehrender, nur während weniger Stunden des Tages und während der Nacht unterbrochenen Wasserzulauf stattfindet, ist der Geruchverschluß durch einen Siphon von mindestens 100 mm Wassertiefe zu bilden, welcher an seiner tiefsten Stelle eine Putzschraube besitzt oder auf sonstige Art reinigungsfähig ist.

Alle übrigen Geruchverschlüsse, bei denen wegen des selteneren Gebrauchs des Ausgusses ein Verdunsten des den Verschluß bildenden Wassers zu befürchten ist, sind durch Anbringung luftdicht schließender Hähne, konischer Metallstopfen etc. zu bilden.

Über jedem Ausgußbecken muß sich ein Wasserhahn zur Spülung befinden.

10. Die Querschnitte der unmittelbar an die Ausgüsse anschließenden Fallröhren müssen zusammen stets entsprechend kleiner als derjenige des Fallrohres sein, so daß bei dem Einschütten größerer Wassermassen ein Leersaugen des durch Wasser gebildeten Geruchverschlusses nicht stattfinden kann.

Zu diesem Zwecke dürfen die Öffnungen des festen Siebes in dem Einlaufe über dem Geruchverschlusse zusammen nicht mehr als die Hälfte des freien Querschnitts des Geruchverschlusses betragen.

11. Sämtliche Fallröhren sind im Innern der Gebäude an frostfreien Stellen anzubringen und dürfen nicht mit Regenfallrohren vereinigt werden. Ausnahmen von dieser Bestimmung können nur unter ganz besonderen Umständen zugelassen werden.

12. Die Schmutz- und Spülwässer dürfen der Hauptableitung auch auf den Höfen nicht mittels offenen Rinnen zugeleitet werden.

13. Die Ableitung des Regenwassers von den Höfen darf nur durch Hofsinkkasten geschehen. Die Regenfallrohre dürfen in den Höfen nicht über dem Pflaster münden, sondern sie sind unterirdisch in die Einlaufkasten oder in die Ableitung zu führen. Für die Regenfallrohre sowohl auf den Höfen als in den Straßen kann unter Umständen die Einschaltung eines Siphons vorgeschrieben werden, wel-

ches die Entfernung der von den Dächern abgespülten Sinkstoffe gestattet.

14. Auf jedem Grundstück ist ein doppelter
Sinkkasten (Gullie) anzubringen, welchen die Haus-
wässer, nicht die Tageswässer, vor ihrem Einfluß in
die Ableitung zu durchfließen haben. Diese Sinkkasten sind stets rechtzeitig von Schlamm und Unrat
zu reinigen und dienen zugleich zu einer wirksamen
Kontrolle, ob nicht verbotene Stoffe von seiten der
Hausbewohner in die Kanäle eingeleitet werden.

Außerdem ist in das Hausableitungsrohr, d. h.
das einzige Rohr, das den Anschluß an den öffentlichen Kanal vermittelt, innerhalb des Grundstückes,
dicht hinter der Frontmauer, ein zugänglicher eiserner Revisionskasten von zweckmäßiger Konstruktion
einzuschalten.

Ausnahmsweise kann der Revisionskasten auch
in dem Trottoir, aber nur unmittelbar in oder vor
der Frontwand des Hauses, angebracht werden.

15. Alle Fallrohre in den Häusern sind ohne
Querschnittsverengung durch Verlängerung über das
Dach hinaus zu entlüften, außerdem ist neben jedem
Fallrohre noch ein besonderes Luftrohr anzubringen,
welches bis in den tiefsten Ausguß hinunterreicht,
daselbst mit dem Fallrohr und außerdem mit dem
höchsten Punkte aller Wasserverschlüsse verbunden
ist. Das Luftrohr ist ebenfalls über das Dach hinaus
zu verlängern oder über den obersten Ausguß in
das verlängerte Abfallrohr zu führen.

16. Alle Ausgüsse müssen mit ihren Oberkanten
über dem höchsten beobachteten Flußwasserstande
und demjenigen der in dem betreffenden Gebiete
belegenen Bäche und Sammelkanäle liegen. Ausnahmen sind zulässig, wenn durch Einbauung eines
zuverlässigen, selbsttätigen, aber auch von Hand
zu schließenden Rückstauverschlusses der Austritt
des Kanalwassers verhindert wird.

17. Die Ausgüsse der Restaurationsküchen und
Metzgereien sind mit einem zeitweise zu reinigen-
den Fettfang zu versehen.

18. Der Beginn der Arbeiten zur Herstellung
der Entwässerungsanlage ist, behufs Ausübung der

Kontrolle, der Polizeibehörde rechtzeitig mitzuteilen. Keine Rohrleitung darf verfüllt oder durch andere Konstruktionsteile verdeckt werden, ehe dieselbe von der Baupolizeibehörde besichtigt und als vorschriftsmäßig hergestellt erklärt worden ist. Gegen diese Vorschrift verdeckte Leitungen müssen auf Anfordern der Polizeibehörde wieder offen gelegt werden

19. Nach Fertigstellung der Straßenkanäle und Inbetriebsetzung der neuen Entwässerungsanlagen sind alle bestehenden älteren oberirdischen und unterirdischen Wasserläufe und Abwässerungseinrichtungen zu beseitigen.

Die etwa vorhandenen Senkgruben sind zu reinigen und zu verfullen. Namentlich darf den die Stadt durchziehenden Bächen alsdann keinerlei Schmutzwasser mehr zugefuhrt werden.

20. Für die Zeit einer notwendigen Sperrung des öffentlichen Kanals ist nach erfolgter Bekanntmachung jedes Ablassen von Flussigkeiten in denselben verboten

Zusatz. Um ein Eindringen der Ausdünstungen aus den innerhalb von Wohnungen oder unmittelbar neben Wohnräumen angelegten Abtritten in die Wohnung zu verhindern, sind die Gruben oder der betreffende Sammelraum luftdicht abzuschließen und unter Anlage einer Vorkehrung zur Frischluftzuführung mittels eines mindestens 2,0 m über das Dach gefuhrten, genugend weiten und mit einem Sauger versehenen Luftkanals zu entlüften. Die Anlage von Abtrittsgruben in und unter Wohnhäusern ist nur dann zulässig, wenn die Entleerungs- und Reinigungsöffnung auf dem unbebauten Teile des Grundstückes liegt. Ausnahmen können unter besonderen Umständen, z. B. beim Fehlen eines Hofraumes, von der Polizeibehörde gestattet werden.

Bei Neuanlagen von Ställen muß dafür Sorge getragen werden, daß die Fußböden wasserdichte Unterlagen, mindestens aber eine 20 cm starke Tonschicht unter dem Pflaster erhalten. Ist der Untergrund lehm- oder tonhaltig, so kann von der Herstellung der Abschlußschicht abgesehen werden.

---

b) Ortsstatut einer Stadtentwässerungsanlage,

von welcher die Klosett- und Wirtschaftswässer — nicht aber die Regenwässer — aufgenommen werden.

Ortsstatut.

§ 1.

Die Anlage, Veränderung, Unterhaltung und Reinigung der zur Abführung der Regen- und Schneewässer, sowie der gemäß § 2 der Polizeiverordnung vom heutigen Tage zur Abführung der Zubehör, sowie der zur Entwässerung der anliegen-Hauswässer etc. dienenden Straßenkanäle mit allem den Grundstücke dienenden Anschlußleitungen vom Hauptrohr bis zu 1,00 m hinter der Grundstücksgrenze erfolgt ausschließlich durch die Stadt und auf städtische Kosten. Gleichfalls werden die Revisionskasten von der Stadt auf deren Kosten geliefert und aufgestellt.

Die Anlage, Veränderung, Unterhaltung und Reinigung der auf den einzelnen Grundstücken herzustellenden Entwässerungsanlagen (Hauskanäle) erfolgt nach Maßgabe der angezogenen Polizeiverordnung durch den Grundstückseigentümer und auf dessen Kosten.

Jedoch können auf Antrag auch die Rohrleitungen auf den Grundstücken selbst bis zu den Revisionskästen und die dazugehörigen Schächte durch die Stadt hergestellt werden, sofern der Eigentümer sich zur Kostentragung verpflichtet.

Auch wenn auf demselben Grundstücke mehrere Hauskanäle vorhanden sind, wird auf städtische Kosten in der Regel nur eine Anschlußleitung hergestellt.

§ 2.

Die nach § 1 Absatz 1 der Stadt durch Anlage, Erweiterung und Veränderung der Straßenkanäle und Anschlußleitungen — jedoch mit Ausnahme der zur Abführung der Regen- und Schneewässer bestimmten Kanäle, einschl. dagegen der Pumpstation und der Kläranlage — erwachsenden Kosten werden durch Anleihen beschafft, zu deren Verzinsung und Tilgung eine Kanalgebühr erhoben wird.

Dieselbe wird veranlagt nach Prozenten der Gebäudesteuer-Nutzungswerte von den an die Kanalisation angeschlossenen Grundstücken.

Die Prozente werden für jedes Rechnungsjahr von den städtischen Kollegien in der Höhe festgesetzt, daß die zur jährlichen Verzinsung und Tilgung der jeweils aufgewandten Anlagekosten etc. erforderliche Summe beschafft wird.

Für Fabriken und sonstige Anlagen, welche die Kanalisation in außergewöhnlichem Umfange benützen, kann eine entsprechend höhere Gebühr von den städtischen Kollegien beschlossen werden.

§ 3.

Für Grundstücke, die vom Staate zur Gebäudesteuer nicht oder nur teilweise veranlagt werden oder noch nicht veranlagt sind, wird der Veranlagung zu den Kanalgebühren ein fingierter Gebäudesteuer-Nutzungswert des gesamten Grundstückes zugrunde gelegt und von der Gebäudesteuer-Veranlagungskommission unter sinngemäßer Anwendung der für die Veranlagung der Gebäudesteuer geltenden Vorschriften ermittelt.

§ 4.

Die Kanalgebühr wird vierteljährlich im voraus von den an die Kanalisation angeschlossenen Grundstückseigentümern zugleich mit den Gemeindesteuern erhoben, und zwar vom Beginne

8*

desjenigen Monats ab, welcher auf den Zeitpunkt folgt, wo die betreffende Kanalisationsstrecke dem Betriebe übergeben ist.

Für Grundstücke, welche wegen späterer Bebauung erst nachträglich angeschlossen werden, beginnt die Zahlungspflicht mit dem auf die Abnahme des Hauskanals (§ 17 der Polizeiverordnung) folgenden Monat.

Die Gebühr wird nach vollen 10 Pfennigen erhoben; Beträge darunter bleiben außer Betracht. Miteigentümer haften solidarisch.

Besteht an dem Grundstücke ein Nießbrauchrecht, so kann statt des Eigentümers der Nießbrauchberechtigte zur Kanalgebühr herangezogen werden.

Die Beitreibung erfolgt im Verwaltungszwangsverfahren.

§ 5.

Gegen die Stadt können keinerlei Entschädigungsansprüche daraus hergeleitet werden, daß die Benutzung der Hauskanäle bei notwendigen Ausbesserungen der Straßenkanäle oder Anschlußleitungen, sowie bei Erweiterungs-, Anschluß- oder Abänderungsarbeiten zeitweise unterbrochen wird.

§ 6.

Soweit für schon bestehende Straßenkanalisationen Gebühren von den Anliegern erhoben oder nicht erhoben werden, behält es hierbei sein Bewenden, doch sollen höhere Gebühren, als sie auf Grund dieses Ortsstatuts gefordert werden können, nicht erhoben werden.

§ 7.

Dieses Ortsstatut tritt mit dem auf die erste Veröffentlichung folgenden Tage in Kraft.

Der Magistrat.

Polizeiverordnung,

betr. den Anschluß der bebauten Grundstücke an die Straßenkanäle und die Anlage der Hausentwässerungen.

A) Anschlußzwang.

§ 1.

In Straßen, Straßenteilen und auf Plätzen, welche die bevorstehende neue Kanalisation — siehe vorstehendes Ortsstatut — erhalten, muß jedes bebaute Grundstück mit einer Entwässerungsanlage (Hauskanal) versehen werden, die mit dem Straßenkanal durch eine Anschlußleitung, d. h. die Rohrstrecke vom Straßenkanal bis zu 1,0 m hinter der Grundstücksgrenze, verbunden wird (s. jedoch § 2 I. Ziffer 3 und II. Ziffer 1).

Es bleibt besonderer Bestimmung des Magistrats vorbehalten, ob mehrere Grundstücke einen gemeinschaftlichen Hauskanal haben dürfen oder ein Grundstück mehrere Hauskanäle erhalten soll. Dasselbe gilt betreffs der Anschlußleitungen.

Privatstraßen mit parzellierten Grundstücken und darauf befindlicher Bebauung gelten im Sinne dieser Polizeiverordnung als ein bebautes Grundstück.

§ 2.

I. Durch den Hauskanal müssen nach Inbetriebnahme der neuen Kanalisation in den Straßenkanal abgeführt werden:
1. alle häuslichen Wirtschafts- und Schmutzwässer, einschließlich des Urins;
2. menschliche Fäkalien, jedoch nur, wenn die Aborte mit Spülvorrichtung versehen sind;
3. gewerbliche, Kondensations- und sonstige Fabrikwässer; doch bleibt dem Magistrate vorbehalten, deren Abführung in den Straßenkanal im einzelnen Falle zu untersagen oder von besonderen Bedingungen abhängig zu machen.

II. Dagegen dürfen nicht in den Straßenkanal abgeführt werden:

1. sämtliches Regen- bzw. Schnee- und Grundwasser, es sei denn, daß nach ausdrücklicher Anordnung des Magistrats das Grundstück mit Rücksicht auf seine besondere Lage und Beschaffenheit auch für diese Wässer an den Straßenkanal (§ 1) angeschlossen ist.

2. Flüssigkeiten, die eine höhere Temperatur als 40° Celsius haben oder mehr als ¼% Säure oder andere ätzende Stoffe enthalten;

3. feuergefährliche und explosionsfähige Stoffe;

4. feste Stoffe irgendwelcher Art, namentlich Küchenabfälle, Kehricht, Asche, Sand, Schutt, Lumpen etc.;

5. der Inhalt von Abortgruben.

Aus Stallungen kann Jauche in den Straßenkanal eingeführt werden, wenn nach dem Ermessen des Magistrats für ausreichende Spülung gesorgt ist.

§ 3.

Abgesehen von den im § 2 unter II. 1 vorgesehenen Ausnahmefällen müssen alle Regen- und Schneewässer von den Grundstücken wie bisher in die Straßengosse abgeführt werden.

Dagegen ist es streng verboten, nach Inbetriebnahme der neuen Kanalisation von den angeschlossenen Grundstücken aus häusliche Wirtschafts- oder Schmutzwässer oder andere der in § 2 bezeichneten Flüssigkeiten in die Straßengossen oder deren Einfallschächte abzuführen oder feste Stoffe in dieselben hineinzuschütten. Auch dürfen insoweit Sickergruben nicht ferner benutzt werden.

§ 4.

Ob vorhandene Entwässerungsanlagen, welche zur Abführung der Wirtschaftswässer etc. oder des Niederschlagswassers dienen, beibehalten werden können, entscheidet der Magistrat.

§ 5.

Jedes zum Kanalanschluß verpflichtete Grundstück (§ 1) muß zwecks gehöriger Spülung des Hauskanals an die städtische Wasserleitung angeschlossen sein, sofern nicht — worüber der Magistrat zu entscheiden hat — eine anderweitig genügende Wasserversorgung für das Grundstück gesichert ist.

Der Regel nach muß sich über jeder Eingußstelle in dem Hauskanal ein Zapfhahn der Wasserleitung befinden.

§ 6.

Über den Rohrgräben der Hauskanäle oder in deren Nähe dürfen keine Einrichtungen getroffen werden, von denen eine Beschädigung derselben zu befürchten ist.

§ 7.

Sämtliche Entwässerungsanlagen stehen sowohl während ihrer Ausführung als nach ihrer Inbenutznahme unter Aufsicht des Magistrats; den mit der bei Tage jederzeit zu gestatten, damit sie den Zustand prüfen und Mängel beseitigen lassen können. Zu diesem Zwecke müssen auf Erfordern der Kanalisationsbehörde auch verdeckte Anlagen freigelegt oder muß deren Freilegung gestattet werden.

Vorschriftswidrige Anlagen oder sonstige Mängel derselben müssen auf behördliche Anweisung beseitigt werden (s. auch § 17 Abs. 2).

§ 8.

Die Grundstückseigentümer sind verpflichtet, die innerhalb ihrer Grundstücksgrenzen befindlichen Entwässerungsanlagen stets in gutem, betriebsfähigem Zustande zu erhalten, sie daher möglichst oft gehörig zu reinigen, für ausreichende Spülung zu sorgen und namentlich Verstopfungen sofort zu beseitigen. Gelingt letzteres nicht, so ist der Kanalisationsbehörde unverzüglich Meldung zu machen.

Eigenmächtige Vornahmen an den Anschlußleitungen oder Straßenkanälen (§ 1 Abs. 1) sind verboten.

B) Ausführung der häuslichen Entwässerungsanlagen.

§ 9.

Der Magistrat bestimmt durch öffentliche Bekanntmachung, an welchen Straßen und Plätzen die bebauten Grundstücke an die Straßenkanäle anzuschließen sind.

Die Betriebsleitung erteilt schriftlich die nötige Auskunft über die Tiefenlage des Straßenkanals, über die Höhenlage der nächsten Fixpunkte (bezogen auf Normal-Null), sowie über die Anschlußstellen an den Straßenkanal.

Innerhalb sechs Wochen nach der Bekanntmachung (Abs. 1) haben die betr. Eigentümer der Betriebsleitung ein durch Zeichnungen dargestelltes Projekt des Hauskanals innerhalb ihrer Grundstücksgrenzen mit dem Antrage auf Genehmigung einzureichen (s. §§ 17 ff.).

Die Zeichnungen und Projekte müssen den in den nachfolgenden §§ 10—16 enthaltenen Vorschriften entsprechen.

In denjenigen Fällen, in denen sich auf dem Grundstücke nur eine Eingußstelle nahe hinter dem Revisionskasten (§ 11) befindet, genügt die Einreichung einer einfachen Skizze.

§ 10.

Die Zeichnungen der Entwässerungsanlagen sind in zweifacher Ausfertigung — eine davon auf Pausleinen — einzureichen und sollen nachstehende Darstellungen enthalten:

1. die Lage des ganzen Grundstückes und der auf demselben stehenden Gebäude im Maßstab 1 : 500;
2. die Grundrisse des untersten = resp. Kellergeschosses im Maßstab 1 : 100;
3. einen Durchschnitt durch das unterste resp. Kellergeschoß bis einschl. der Decke desselben und durch die Höhe in der Richtung des Hauptentwässerungsrohres im Maßstabe 1 : 100 mit Angabe der Lage des Straßenkanals und der auf Normal-Null (den Höhen-

angaben für die Fixpunkte entsprechend) bezogenen Höhenangaben der Leitungen, des Straßenkanales, der Kellersohlen und des Geländes nach Maßgabe der amtlich erteilten Auskunft (s. § 9 Abs 2);

4. das Entwässerungsprojekt selbst, welches in die Zeichnungen unter 1—3 klar und verständlich eingetragen sein muß, unter Angabe der Weiten und Gefälle und des Materials der Rohre.

Im besonderen ist folgendes zu beachten:

a) die Zahl der Eingußstellen der Hausentwässerungen in den verschiedenen Stockwerken, sowie ihre besondere Art (Kücheneinguß, Spülabort, Wasch- oder Badeeinguß u. dgl.) ist anzugeben;

b) die Entfernung des Austrittes des Hauskanals aus dem Grundstück von der nachbarlichen Grenze muß eingeschrieben werden;

c) die Lage des bereits vorhandenen oder bei Anschluß des Grundstücks an die Wasserleitung aufzustellenden Wassermessers ist anzugeben.

In dem Entwurf sind vorhandene Anlagen schwarz, die Neuanlagen farbig, insbesondere

Eisenteile: blau,
Steinzeugrohre: rot,
Bleirohre: gelb

darzustellen.

Die vorgelegten Zeichnungen müssen außer obigen Angaben noch enthalten:

a) die Unterschrift des Eigentümers des Grundstückes oder dessen Vertreters;

b) den Namen der Straße, in welcher das Grundstück belegen ist, und die Hausnummer, und

c) den Namen des Unternehmers, welcher mit der Ausführung betraut werden soll.

Alle Zeichnungen sind mit Maßstäben zu versehen und alle zur Beurteilung des Entwurfs erforderlichen Maße einzuschreiben. Ein Exemplar des Entwurfs bleibt bei den Akten der Kanalisationsbehörde, das zweite Exemplar erhält der Antragsteller mit der Genehmigungsurkunde (§ 17) zurück.

§ 11.

Der möglichst unmittelbar hinter der Anschlußleitung (§ 2 Abs. 1) anzubringende Revsionskasten (s. Ortsstatut vom heutigen Tage) ist in einem 1,00 m langen und mindestens 0,60 m breiten, gemauerten Schachte aufzustellen.

Statt des gemauerten Schachtes kann auch ein soicher aus Zementbetonringen von 1,0 m l. W. hergestellt werden.

§ 12.

Alle Entwässerungsanlagen sind frostfrei und so herzustellen, daß der Zweck vollständiger Entwässerung des Grundstücks erreicht wird.

Die Weite der Hauptableitung des Hauskanals soll in der Regel 15 cm betragen. Nur bei außergewöhnlich umfangreichen Grundstücken kann eine größere Weite gestattet werden.

Das Gefälle der Ableitungen soll, wenn möglich gleichmäßig sein und tunlichst 1 : 50 betragen. Geringere Gefälle als 1 : 100 können nur ausnahmsweise zugelassen werden.

Die Hauptableitung darf ebensowenig wie die Anschlußleitung durch Schlammfänge oder Wasserverschlüsse unterbrochen werden.

Alle Nebenableitungen des Hauskanals sind von der Eingußstelle an in tunlichst direkter Linie ohne Einschaltung von Schlammfängen in die Hauptableitung einzuführen.

Als geringste Rohrweite für einzelne Ausgußbecken, Badewannen u. dgl. sind 4 cm, für Küchenabfallrohre mindestens 5 cm anzuwenden.

Die Abfallrohre von Spülaborten müssen eine Weite von 10—13 cm haben.

Die Leitungen in den Gebäuden müssen aus gußeisernen, innen und außen asphaltierten Muffenrohren von mindestens 6 mm Wandstärke bestehen.

Die Ableitungen können, wenn sie unter dem Kellerfußboden liegen, aus hartgebrannten Steinzeugröhren hergestellt werden.

Sogenannte schottische Rohre zu verwenden, ist nicht gestattet. Für Fallrohre können statt der gußeisernen Rohre bei Weiten von 4—5 cm auch Bleirohre verwendet werden. Die Dichtung der Steinzeugröhren soll durch Tonrohrkitt, Asphaltkitt und Teerstricke bewirkt werden. Die Dichtung der Eisenrohre muß durch Teerstricke oder Weißstricke und Blei, welches vergossen und verstemmt werden muß, erfolgen.

Zwischen Röhren verschiedener Weite sind Übergangsstücke einzuschalten.

Jeder Anschluß (Spülstein, Ausguß, Ablauf) ist mit einem unbeweglichen Siebe zu versehen.

Über jeden Anschluß muß in der Regel ein Wasserhahn zur Spülung angebracht sein. Unter jedem Anschluß ist ein wirksamer Wasserverschluß (Geruchverschluß) anzuordnen.

Jeder Wasserverschluß muß reinigungsfähig sein. Einläufe in der Kellersohle sind nur ausnahmsweise zulässig und müssen mit einem sicher wirkenden Absperrschieber versehen sein.

In allen Räumen, welche in großer Menge fettige oder seifenartige Abgänge liefern, z. B. gewerbsmäßig betriebene Wäschereien, Schlachträume, Restaurationsküchen etc., sind zum Abfangen des Fettes etc. Fettöpfe in die Nebenableitung einzuschalten. Diese müssen aus Gußeisen, emailliert, luft- und wasserdicht, verschließbar und zugänglich sein.

Bei Räumen, in denen Sand zum Scheuern benutzt wird, wie Waschküchen, Restaurationsküchen, Flaschenspülkellern etc., ist zur Abhaltung des Sandes von der Straßenleitung die Anlage von Sinkkasten in der Nebenleitung erforderlich.

§ 13.

Die Ableitung des Regenwassers von den Höfen der Grundstücke darf, soweit sie überhaupt gestattet wird, nur durch Sinkkasten (Schlammfang, Gullies) geschehen.

Die Sinkkasten sind wasserdicht herzustellen. Die kleinste Lichtweite darf nicht unter 30 cm betragen, der Wasserstand soll 50 cm über der Sohle des Sinkkastens und 1,0 m unter Sinkkastenoberkante im Freien bzw. 0,60 m in geschlossenen Räumen liegen. Der Abfluß ist durch einen Wasserverschluß zu vermitteln.

Die Abdeckung der Sinkkasten muß durch einen Rost, dessen Stäbe nicht mehr als 1 cm voneinander entfernt sind, erfolgen.

Für die an die Kanalisation etwa anzuschließenden Regenfallrohre — auch an der Hofseite — kann vom Magistrat jederzeit die Einschaltung eines Sinkkastens vorgeschrieben werden, welcher die Entfernung der von den Dächern abgespülten Sinkstoffe gestattet.

§ 14.

Die Abflußöffnungen von Spülabortbecken dürfen nicht weiter als 10 cm sein.

Das — am besten freistehende — Abortbecken muß aus emailliertem Eisen, Steingut oder Porzellan bestehen.

Spülaborte und Pissoirs sind mit wirksamen Wasserverschlüssen zu versehen und mit der Wasserleitung derartig zu verbinden, daß eine ausreichende Spülung gewährleistet ist.

Bei nicht geschützter Lage ist auf Sicherung gegen Einfrieren besonders Bedacht zu nehmen.

Aborteinrichtungen, insbesondere für starken Verkehr (z. B. in Schulen, Fabriken, Kasernen, Spitälern usw.), welche Abweichungen von den vorstehenden Vorschriften erhalten sollen, können mit Genehmigung des Magistrats zugelassen werden.

§ 15.

Jede Hausleitung ist ausreichend zu entlüften. Zu dem Zwecke sind die Fallrohre mit durchaus dichten Fugen herzustellen und regelmäßig bis über das Dach, möglichst ohne Krümmung, hinauszuführen.

§ 16.

Hausentwässerungen oder einzelne Bestandteile derselben, welche bei Erlaß dieser Polizeianordnung bereits vorhanden sind, müssen den vorstehenden Bestimmungen nach näherer Vorschrift der Kanalisationsbehörde angepaßt werden.

§ 17.

Die Genehmigung (§ 9 Abs. 2) wird vom Magistrat mit möglichster Beschleunigung und tunlichst innerhalb 14 Tagen erteilt und dem Antragsteller behändigt.

Erst dann darf dieser mit der Ausführung des Projekts beginnen, hat dieselbe binnen einer, von der Zustellung ab laufenden Frist von 8 Wochen zu bewirken und muß der Kanalisationsbehörde die Vollendung der Arbeiten schriftlich anzeigen.

Möglichst binnen 3 Tagen nach der Anzeige soll die Abnahme der Anlage erfolgen. Die hierbei vorgefundenen Mängel müssen sogleich und spätestens innerhalb 8 Tagen nach geschehener Auflage beseitigt werden.

Vor erfolgter Abnahme der Ableitung darf der Rohrgraben nicht zugeschüttet werden.

Über die Abnahme ist ein schriftlicher Bescheid zu erteilen.

§ 18.

Der Magistrat ist befugt, die Ausführung der Hauskanäle überwachen zu lassen.

§ 19.

Die Hauskanäle dürfen erst nach ihrer Abnahme in Benutzung genommen werden.

§ 20.

Veränderungen an einer genehmigten Hauskanalisation sind nur mit ausdrücklicher Erlaubnis des Magistrats zulässig. Auf dieselben und ihre Ausführung finden die Vorschriften dieser Polizeiverordnung sinngemäße Anwendung.

Das gleiche gilt, wenn die Straßenkanalisation später ausgedehnt wird oder an kanalisierten Stra-

ßen und Plätzen Neubauten errichtet oder Umbauten vorgenommen werden, in allen Fällen ist
das Entwässerungsprojekt als besondere Anlage
zugleich mit dem Antrage um Baugenehmigung
vorzulegen.

§ 21.

Durch die Überwachung der Ausführung der
Hauskanäle (§ 18) oder durch ihre Abnahme übernimmt der Magistrat keinerlei Garantie betreffs derselben, vielmehr bleibt ihm, bzw. der Polizeidirektion, vorbehalten, wenn sich aus der Entwässerungsanlage Mißstände für den Betrieb, für das gesundheitliche Interesse oder anderer Art ergeben, die-
jenigen Einrichtungen von dem Grundstückseigentümer zu fordern, welche zur Beseitigung der Mißstände dienlich erscheinen.

Auch ist dem Magistrat nach Anhörung der
Polizeidirektion befugt, Ausnahmen von den Vorschriften dieser Polizeiverordnung zu gestatten, jedoch nur dann, wenn durch deren strenge Befolgung
im Einzelfalle ganz außergewöhnliche Schwierigkeiten oder Kosten entstehen würden.

C. Straf- und Schlußbestimmungen.

Zuwiderhandlungen gegen diese Polizeiverordnung werden, sofern nicht eine höhere Strafe verwirkt ist, mit einer Geldstrafe bis zu 30 Mark, im
Unvermögensfalle mit entsprechender Haft bestraft.

Daneben bleibt die Anwendung polizeilicher
Zwangsmittel vorbehalten.

§ 22.

Diese Polizeiverordnung tritt mit dem auf ihre
erste Bekanntmachung folgenden Tage in Kraft.

Magistrat.   **Polizeidirektion.**

c) Ortsstatut einer Stadtwasserentwässerung,

bei welcher Klosetts, Wirtschaftswässer und Regenwässer aufgenommen werden.
(Polizeiverordnung der Stadt Köln vom 9. 9. 1913.)

Auf Grund der §§ 5 und 6 des Gesetzes über die Polizeiverwaltung vom 11. März 1850 und der §§ 143 und 144 des Gesetzes über die allgemeine Landesverwaltung vom 30. Juli 1883 erlasse ich für den Umfang des Stadtkreises Cöln mit Zustimmung des Gemeindevorstandes folgende Polizeiverordnung:

A. Entwässerung.

§ 1.
Beschaffenheit im allgemeinen.

1. Alle bebauten Grundstücke sind ordnungsmäßig zu entwässern.

2. Die Entwässerungsanlagen müssen so eingerichtet sein, daß der Zweck einer vollständigen, den gesundheitlichen Anforderungen entsprechenden Entwässerung des Grundstücks, auch in seinen unbebauten Teilen, dauernd erreicht wird. Sie müssen namentlich vor Einfrieren möglichst geschützt sein. Übelriechende oder schädliche Flüssigkeiten müssen entweder nach unterirdischen Kanälen abgeführt oder doch so gesammelt und abgeleitet werden, daß eine Schädigung, Belästigung oder Gefährdung nicht eintritt.

§ 2.
Selbständige Entwässerung jedes Grundstücks.

Jedes Grundstück ist selbständig zu entwässern. Eine auch nur zum Teil gemeinschaftliche Entwässerung zweier Grundstücke ist verboten. Bei Kleinbauten im Sinne des § 21 der Bauordnung vom 8. August 1913 können bei gegenseitigem Einverständnis der Nachbarn gemeinschaftliche Regenrohre widerruflich zugelassen werden.

§ 3. Stoff.

1. Es dürfen nur Blei- und Zinkrohre sowie dem Min.-Erl. vom 28. Juli 1912 entsprechende Eisenrohre N. A. Normal-Abflußrohre Modell 1905 und hartgebrannte, innen und außen glasierte Tonrohre Verwendung finden.

2. Aus eisernen N. A. Rohren müssen bestehen:

    a) alle innerhalb der Gebäude liegenden Fallrohre und Sohlleitungen, soweit diese frei aufgehängt oder mit weniger als 50 cm Deckung unter der Erde liegen, sowie die Anschlüsse der Regenrohre außerhalb der Gebäude bis 1,50 m über Terrain;

    b) alle unter dem Erdboden liegenden Leitungen, sofern sie unter dem im Kanal zu erwartenden Rückstau liegen und nach Angabe der städtischen Tiefbauabteilung erforderlich sind.

3. Tonrohre sind zulässig für alle unter dem Erdboden liegenden Leitungen, sofern sie mindestens 50 cm Deckung haben.

4. Zinkrohre sind nur bei einer Stärke von mindestens Zink Nr. 12 und zur oberirdischen Ableitung von Regenwasser sowie zu Entlüftungsleitungen, in beiden Fällen aber nur außerhalb der Gebäude, zulässig.

5. Für Eisenrohre sind zur Verwendung vorgeschrieben: gestempelte Normal-Abflußrohre (Modell 1905), welche neben dem Aufdruck N. A. die Marke der betreffenden Fabrik tragen, in Weiten und Wandstärken von:

					Gewicht pro m mit Muße
200 mm lichte Weite,	6 mm Wandstärke	.	. 33,5 kg
150 » » »	6 » »	.	. 25,0 »
125 » » »	6 » »	.	. 21,0 »
100 » » »	6 » »	.	. 16,7 »
70 » » »	5 » »	.	. 10,0 »
50 » » »	5 » »	.	. 7,3 »

Bleirohre

bei einer lichten Weite bis

50 mm . . . . 3 mm Wandstärke

von mehr als 50 mm bis 100 mm 3,5 » »

6. Die Polizeiverwaltung ist befugt, entsprechend den Fortschritten der Technik, auch andere Stoffe zuzulassen.

Über alle zur Verwendung zugelassenen Stoffe und Modelle von Rohren, Rohrverbindungen, Einläufen, Abort- und Pissoirbecken, Spülkästen, Geruchverschlüssen, Sinkkästen, Schlamm-, Fett- oder Benzinfängern, Rückstauverschlüssen usw. wird von der Polizeiverwaltung ein Verzeichnis geführt. Die Aufnahme in dieses Verzeichnis ist von der ausführenden Firma unter Vorlage von Modellen, Zeichnungen und Beschreibungen für jedes Stück zu beantragen. In dem Verzeichnis nicht geführte Stücke sind von der Verwendung ausgeschlossen. Für schon aufgenommene Stücke, die sich jedoch im Gebrauch nicht bewähren, bleibt die Streichung aus der Liste vorbehalten.

§ 4.
Dichtungen und Verbindungen.

a) Eisenrohre.

Sämtliche Muffenverbindungen sind in sorgfältigster Weise mit Hanfstricken oder Jute zu dichten, mit Weichblei zu vergießen oder mit Bleiwolle zu umwickeln und sorgfältig zu verstemmen. Bei aufrechtstehenden Leitungen genügt an Stelle der Bleiverstemmung eine Kittdichtung (Mennige).

b) Tonrohre.

Die Muffen müssen mit Hanfstrick verstemmt und mit Asphalt ausgegossen werden.

c) Zink- und Bleirohre.

Sämtliche Dichtungen sind durch sorgfältiges Verlöten herzustellen.

Für die Verbindungen von Blei- und Eisenrohren ist ein Messingzwischenstück zu verwenden, welches einerseits an das Bleirohr angelötet, anderseits in das Gußrohr eingebleit wird. Außer diesen Verbindungen sind nur geeignete Verschraubungen oder Flanschendichtungen zulässig.

§ 5. Rohrweiten.

a) Sohlleitungen.

Die Hauptleitungen sollen eine lichte Weite von 200 mm, 150 mm oder 125 mm haben.

Alle Nebenleitungen müssen mindestens 100 mm
weit sein.

b) Fallrohre.

An Rohrweiten sind erforderlich:

1. Für ein Waschbecken, einen Wandbrunnen,
   einen Kücheneinlauf oder ein Bad mindestens
   50 mm,
2. für mehrere der obengenannten Einläufe mindestens 70 mm,
3. für große Küchenanlagen, Wäschereien oder
   Badeanlagen mindestens 100 mm,
4. für Spülaborte 125 mm, ausnahmsweise 100mm,
   solange nicht mehr als 3 Spülaborte angeschlossen sind,
5. für Regenrohre 70 bis 125 mm, für kleinere
   Dachflächen, Balkone usw. mindestens 50 mm.

Bei außergewöhnlich großen Grundstücken oder
bei Ableitung ungewöhnlich großer Wassermengen
kann die Polizeiverwaltung mit Zustimmung der
städtischen Tiefbauabteilung (Kanalbauinspektion)
eine größere Weite gestatten.

Der lichte Durchmesser der Leitungen darf sich
in der Abflußrichtung nicht verengen, er muß vielmehr je nach dem Bedürfnis zunehmen.

§ 6.
Gefälle.

1. Die Gefälle der Leitungen müssen möglichst
gleichmäßig und dürfen nicht schwächer als 1 : 50 sein.

2. Ein geringeres Gefälle b's 1 : 100 kann von
der Polizeiverwaltung zugelassen werden, wenn die
Herstellung eines besseren Gefälles mit erheblichen
wirtschaftlichen Erschwernissen verknüpft sein würde
und eine ausreichende Spülung und Reinigung der
Leitung gewährleistet ist.

§ 7.
Unmittelbare Verbindung der Nebenleitungen mit der Hauptleitung.
Schlammfänge, Fettfänge.

1. Die Nebenleitungen müssen von der Wasser-
aufnahmestelle abgeschlossen tunlichst in gerader

Linie und in der Regel ohne Einschaltung von
Schlammfängen (Sinkkasten) und dergleichen in die
Hauptleitung eingeführt werden. In die Nebenleitung ist jedoch von allen Räumen, die in großer
Menge fettige oder feuer- und explosionsgefährliche
seifenartige Abgänge liefern (z. B.: große Wäschereien, große Küchen, Wurstküchen, Autogaragen) zum
Abfangen des Fettes usw. ein sicher wirkender Fettfang bzw. Benzinfang einzuschalten.

2. Die zur Entwässerung der Höfe und Keller
dienenden Einläufe müssen mit einem Schlammfang
versehen sein.

3. Schlammfänge, Fett- und Benzinfänge sind
nach Bedürfnis zu reinigen.

4. Heißes Wasser von Fabriken usw. über 40°
Celsius muß durch geeignete Vorrichtungen vor dem
Einlauf in den Kanal gekühlt werden.

Säurehaltige oder sonstige chemische Abwässer,
welche geeignet sind, die Rohrleitungen zu zerstören,
müssen ebenfalls vor Einleiten in den Kanal un-
schädlich gemacht werden.

5. Die Einfügung von Hauptgeruchsverschlüssen
und Rückstauverschlüssen in die Hauptleitung ist
im allgemeinen untersagt. Wo solche zur Zeit des
Inkrafttretens dieser Polizeiverordnung aber bereits
vorhanden sind, dürfen sie nicht ohne vorgängige
Genehmigung der städtischen Polizeiverwaltung entfernt werden.

§ 8.
Verbindung verschiedener Leitungen.

1. Zur Einführung einer Leitung in eine andere
(z. B. einer Nebenleitung in eine andere Nebenleitung oder in eine Hauptleitung) müssen Abzweige
in der aufnehmenden Leitung angebracht sein. Die
Verbindung der Leitungen durch Anhauen der Rohre
ist verboten.

2. Die Verbindung zweier Abflußrohre muß stets
in einem spitzen Winkel von nicht mehr als 70°, in
der Abflußrichtung der Leitungen gemessen, erfolgen.

3. Bei Richtungswechsel der Leitungen sind
scharfe Krümmungen zu vermeiden.

4. Rohre von verschiedener Weite sowie von
verschiedenen Stoffen müssen durch Einschaltung
von Übergangsstücken miteinander verbunden sein.

§ 9.
Geruchverschlüsse.

1. Jeder Einlauf (Spülstein, Wand- oder Boden-
ausguß, Ablauf, Sinkkasten) muß mit einem Geruchverschluß versehen sein. Der Geruchverschluß muß
an der tiefsten Stelle eine Putzschraube mit Kapsel-
verschluß besitzen oder in sonstiger Weise reinigungsfähig sein.

2. Bewegliche Glockenverschlüsse sind verboten.

§ 10.
Einläufe.

1. Alle aus einer Genußwasserleitung gespülten
oder gespeisten Anlagen, als Badewannen, Bidets,
Wasch- und Spülbecken, Aborte und Pissoire, Grund-
ablässe (Haupthähne mit Entleerung) usw. sind der-
art einzurichten, daß aus denselben ein Rückfließen
oder Rücksaugen in die Reinwasserleitung unter
keinen Umständen eintreten kann.

2. Jeder Einlauf (Spülstein, Ausguß, Ablauf,
Überlauf) muß mit einem festen Siebe versehen und
unmittelbar an die Hausleitung angeschlossen sein.

3. Über jedem Einlauf ist zur Spülung ein
Wasserzapfhahn anzubringen.

4. Aborte müssen mit Wasserspülung versehen
sein. Diese darf nicht durch unmittelbaren Anschluß
an die Genußwasserleitung erfolgen, sondern es sind
besondere Spülbehälter dazwischen zu schalten,
welche bei jeder Spülung mindestens 8 Liter Wasser
durch ein mindestens 30 mm weites Spülrohr in
kräftigem Strahl in das Abortbecken ergießen.

5. Von besonderen Spülkästen für das einzelne
Abortbecken kann Abstand genommen werden, wenn
technische Vorkehrungen getroffen werden, welche
nachweislich denselben Spülerfolg haben. Jedoch
darf auch in solchen Fällen die Spülung nur aus
einem Wasserbehälter erfolgen, dessen Inhalt zu
Genußzwecken nicht verwendet wird.

6. Die Abortbecken sind freistehend anzuordnen.

7. Zwischen dem Abortbecken und dem Fallrohr ist ein Wasserverschluß von mindestens 5 cm Tiefe einzuschalten, dessen lichte Weite nicht größer als 100 mm sein darf.

8. Pissoire sind im allgemeinen mit kräftiger Wasserspülung zu versehen. Nur in besonderen Fällen können Ölgeruchverschlüsse verwendet werden.

9. Für Einläufe, Spülaborte und Pissoire dürfen nur undurchlässige Stoffe verwendet werden, und zwar für Abortbecken: Steingut oder email. Gußeisen für sonstige Einläufe: Steingut, geschliffener Stein, Kunststein, Gußeisen und sonstige zweckentsprechende Metalle.

10. Sämtliche Einläufe müssen über dem, nach den Angaben des Tiefbauamtes im Kanal zu erwartenden Rückstau angebracht werden.

11. Die Polizeiverwaltung kann im Tiefgebiet und für Fabrikabwässer auch außerhalb des Tiefgebietes, mit Zustimmung der städtischen Tiefbauabteilung Ausnahmen zulassen, wenn die Einläufe ohne erhebliche wirtschaftliche Erschwernisse nicht höher verlegt werden können.

In diesem Falle ist auf Erfordern ein doppelter Rückstauverschluß in die Entwässerungsleitung einzubauen.

Von den beiden Verschlüssen muß der eine selbsttätig wirken, der andere von Hand bedient werden.

12. Unter den sich aus den Ziffern 10 und 11 ergebenden Höhen sind Entwässerungseinrichtungen jeder Art im allgemeinen verboten. Ausnahmen sind nur in besonders gearteten Fällen und unter besonderen Bedingungen zulässig, falls genügende Gewähr geboten ist, daß das Überpumpen der sich ergebenden Abwässer in die höher liegende Sohlleitung in sicherer und hygienisch einwandfreier Weise erfolgt.

§ 11.
Regenrohre.

1. Das Regenwasser von Dächern muß in Rinnen aufgefangen und von da ab in geschlossener Leitung

abgeführt werden; desgl. von Gesimsen, Erkern, Balkonen und kleineren Schutzdächern, falls bei diesen Anlagen das Regenwasser an bestimmten Ablaufstellen gesammelt wird.

2. Regenrohre sind in der Regel außerhalb der Gebäude bis zur Erde zu führen und an die Entwässerungsleitung anzuschließen.

3. Das Einführen von anderen Abwässern in die Regenrohre ist untersagt.

4. D.e Regenrohrmündungen sind so anzuordnen, daß ein Ausströmen von Kanalgasen in bewohnte Räume ausgeschlossen ist. Wo dies der ganzen Örtlichkeit nach nicht möglich ist, können im Erdboden liegende Geruchverschlüsse mit genügender Reinigungsvorrichtung eingebaut werden. Für kleinere Rohre ist in diesem Fall ein offener Einlauf über einem Hofsinkkasten erlaubt.

§ 12.
Lüftung.

1. Jede Entwässerungsanlage ist in ausreichender Weise zu lüften.

2. Jedes Fallrohr muß in gleicher Weite und möglichst ohne Krümmung dicht schließend über Dach geführt und mit einer Schutzkappe überdeckt werden.

Es ist gestattet, insbesondere wenn architektonische Rücksichten oder technische Schwierigkeiten es bedingen, verschiedene Lüftungsrohre in einem Rohre vereinigt über Dach zu führen.

3. Die Ausmündungen der Entlüftungsrohre über Dach müssen mindestens 1 m über oder 2 m seitlich von Fenstern oder sonstigen mit dem Innern der Gebäude in Verbindung stehenden Öffnungen angelegt werden.

4. Gemauerte Kamine dürfen als Entlüftungsrohre der Entwässerung nicht benutzt werden.

5. Aus besonderen Gründen kann in einzelnen Fällen, namentlich wenn die Einläufe im Erdgeschoß liegen, oder wenn der Höherführung der Fallrohre außerordentliche Schwierigkeiten entgegenstehen, von der Durchführung über Dach mit besonderer Erlaubnis der Polizeiverwaltung Abstand genommen werden.

6. Um das Leersaugen oder Durchbrechen der Geruchverschlüsse zu verhüten, sind folgende Vorschriften zu befolgen:

a) Bei 50 mm weitem Fallrohr darf die Weite des Geruchverschlusses höchstens 40 mm betragen, bei weiteren Abfallrohren muß die Weite des Geruchverschlusses stets mindestens 15 mm geringer sein als die des Abfallrohres.

b) Die Tiefe des Wasserverschlusses in dem Geruchverschluß muß mindestens 100 mm betragen. Werden bei Badewannen besondere, gleiche Sicherheit bietende Einrichtungen getroffen, so kann eine geringere Tiefe zugelassen werden.

c) Einläufe, welche mehr als 1,20 m vom Fallrohr entfernt angebracht sind, müssen mit Wasserverschlüssen versehen sein, deren Beschaffenheit ein Leersaugen ausschließt. Außerdem soll die Weite des Verbindungsrohres mindestens 15 mm mehr betragen als die Lichtweite des Wasserverschlusses.

7. Werden die unter Nr. 6 gestellten Bedingungen nicht erfüllt, so muß neben dem Fallrohr ein besonderes Luftrohr von 40 mm lichter Weite angebracht werden, welches unterhalb des tiefsten Einlaufes vom Fallrohr abzweigt und für sich bis über Dach geführt oder oberhalb des höchsten Einlaufes an das Fallrohr angeschlossen wird.

In dieses Entlüftungsrohr sind die obersten Punkte der Geruchverschlüsse durch ein ansteigendes, mindestens 26 mm weites Rohr einzuführen.

8. Für die Ableitung von Wasser, welches in kurzer Zeit in besonders großen Mengen abfließt, namentlich auch bei hydraulischen Betrieben, bleiben besondere Bedingungen vorbehalten.

§ 13.
Zugänglichkeit einzelner Teile der Anlage.

1. Die ganze Entwässerungsanlage muß so angelegt sein, daß sie möglichst überall leicht zugänglich ist.

2. Vor dem Austritt der Sohlleitung aus einem
Gebäude ist ein zugänglicher, dicht verschlossen zu
haltender Reinigungsstützen in diese einzuschalten.
Bei größeren Anlagen kann die Polizeiverwaltung
den Einbau noch weiterer Reinigungsvorrichtungen
an wichtigen Abzweigstellen und Knickpunkten und
vor allem kurz vor dem Anschluß an den Straßenkanal nahe der Straßengrenze vorschreiben.

3. Bei tief liegenden Leitungen sind diese Reini-
gungsverschlüsse in wasserdicht hergestellten Schächten anzuordnen. Schächte bis zu 1 m Tiefe müssen
eine Mindestgröße von 50 : 50 cm haben. Tiefere
Schächte sind mit mindestens 0,6 qm Fläche in der
Schachtsohle anzulegen und durch Steigeisen leicht
zugänglich zu machen. Die Schächte müssen in der
Höhe der Oberfläche dicht und standsicher abgedeckt
werden.

4. Alle Falleitungen, die an Sohlleitungen unter
dem Erdboden angeschlossen sind, müssen dicht über
der Erdoberfläche mit einer Reinigungsvorrichtung
versehen werden. Falls dies nicht angängig ist, ist
letztere in der Sohlleitung unmittelbar an der Stelle,
wo die Falleitung eintritt, einzubauen und durch
einen Schacht zugänglich zu halten.

§ 14.
Bestehende Entwässerungsanlagen.

1. Diese Polizeiverordnung findet auch auf Entwässerungsanlagen Anwendung, die zur Zeit ihres
Inkrafttretens bereits vorhanden waren. Die Ab-
änderung solcher Anlagen braucht jedoch erst auf
Aufforderung der städtischen Polizeiverwaltung zu
erfolgen.

2. Die Anlage soll mit den Bestimmungen dieser
Polizeiverordnung spätestens dann in Übereinstimmung gebracht werden, wenn Anschluß des Grundstückes an den Straßenkanal erfolgt. Über diesen
Zeitpunkt hinaus kann jedoch namentlich das Fort-
bestehen gemeinschaftlicher Regenrohre zweier Grundstücke von der städtischen Polizeiverwaltung gestattet werden, vorausgesetzt, daß sie durch ein besonderes Anschlußrohr in den Straßenkanal einge-

führt werden und nicht auch zur Ableitung anderer
Abwässer als Regenwasser dienen.

3. Bei teilweisen Änderungen von Entwässerungsanlagen kann die baupolizeiliche Genehmigung an die
Bedingung geknüpft werden, daß die ganze Anlage
mit den Bestimmungen dieser Polizeiverordnung in
Übereinstimmung gebracht wird. Dies gilt namentlich, wenn die Genehmigung zur Ausscheidung von
Rückstauverschlüssen beantragt wird, die nach den
früheren Vorschriften angelegt werden mußten.

§ 15.
Instandhaltung der Entwässerungsanlagen.

1. Die Entwässerungsanlagen müssen stets in
einem guten und den Bestimmungen dieser Polizeiverordnung entsprechenden baulichen und gebrauchs-
fähigen Zustände erhalten, gereinigt und gespült
werden.

2. Die städtische Polizeiverwaltung ist befugt,
die Anlagen jederzeit auf ihren Zustand zu prüfen,
insbesondere sie einer Rauch- oder Geruch- und
einer Wasserdruckprobe zu unterwerfen. Sie ist
berechtigt, die Beseitigung solcher Teile zu ver-
langen, die den ordnungsmäßigen Betrieb der Anlagen beeinträchtigen können.

§ 16.
Abweichungen für Dorflagen.

In Dorflagen (§ 2 der Bauordnung) können Abweichungen von den vorstehenden Vorschriften über
die Entwässerungsanlagen widerruflich zugelassen
werden.

B. Genehmigung und Abnahme.

§ 17.

Vor Ausführung sowie vor Erweiterung oder
Änderung einer Hausentwässerungsanlage ist ein Gesuch an die Polizeiverwaltung zu richten.

Diesem Gesuche sind beizufügen:

1. die von der Tiefbauabteilung zu beschaffen-
den Höhenangaben;

2. sämtliche Grundriß- und Schnittzeichnungen
im Maßstab 1 : 100, die zur vollständigen Veran-
schaulichung der in den Gebäuden und auf dem
Grundstücke geplanten Leitungen und Entwässe-
rungsstellen notwendig sind. Gefälle und Weiten
der Leitungen sind deutlich in die Zeichnungen einzuschreiben. Der Stoff der Leitungen ist durch
Farbe kenntlich zu machen, und zwar Eisenrohre
blau, Bleirohre orange, Tonrohre braun und Zinkrohre zinnoberrot. Die für die polizeilichen Prüfungs-
vermerke bestimmte grüne Farbe darf in den Bau-
vorlagen nicht verwendet werden.

3. ein Lageplan im Maßstab von mindestens
1 : 500.

4. ein zweckentsprechender Erläuterungsbericht.

Sämtliche Unterlagen sind in doppelter, bei im
Rayon gelegenen Anlagen in dreifacher Ausfertigung
einzureichen und vom Bauherrn und von dem Bau-
leiter oder dem mit der Ausführung betrauten In-
stallateur zu unterschreiben. Fehlt die letztere Unterschrift auf den Ausführungsunterlagen, so ist die
ausführende Firma vor Inangriffnahme der Arbeiten
der Polizeiverwaltung schriftlich zu benennen.

Von den Zeichnungen ist eine Ausfertigung auf
Pausleinwand oder als lichtbeständiger Leinwand-
lichtdruck herzustellen.

§ 18.

Die Ausführung der Anlage muß mit größter
Sorgfalt genau nach den genehmigten Entwässe-
rungszeichnungen durch in jeder Hinsicht sachver-
ständige Fachleute erfolgen. Sämtliche zur Verwendung gelangenden N. A. Rohre müssen so verlegt
oder gesetzt werden, daß die Stempel für den ab-
nehmenden Beamten sichtbar sind. Unternehmern,
denen mangelnde Kenntnis der Bestimmungen oder
bewußtes Abweichen von denselben, namentlich die
Verwendung nicht gestempelter Rohre wiederholt
nachgewiesen wird, kann nach § 35 der Reichs-
gewerbeordnung von der Polizeiverwaltung die Ausübung des Gewerbes untersagt werden.

§ 19.

Nach Fertigstellung der Anlage ist deren Abnahme auf vorgedrucktem Formular bei der Baupolizeiverwaltung zu beantragen, bei Neubauten gleichzeitig mit dem Antrag auf Gebrauchsabnahme des Gebäudes. Unter Erdboden liegende Teile einer Entwässerungsanlage dürfen nicht eher verdeckt werden, bis deren Abnahme erfolgt ist. Die Abnahme wird auf Antrag als Teilabnahme innerhalb der nächsten drei Arbeitstage vom Tage des Einganges des Antrages ab gerechnet, vorgenommen. Ist innerhalb dieser Zeit die Abnahme aus irgendeinem Grunde nicht erfolgt, so kann mit der Verdeckung der Anlage begonnen werden. Die ganz oder teilweise spätere Freilegung der Leitung zwecks Kontrolle bleibt jedoch in diesem Falle vorbehalten.

Auf Erfordern der Polizeiverwaltung ist die Dichtheit der Sohlleitungen und der anschließenden Teile der Falleitungen bis zum tiefsten Wassereinlauf durch Wasserdruck, die Dichtheit der übrigen Anlagen einschließlich der Geruchverschlüsse durch eine Rauch- oder Geruchprobe nachzuweisen.

Der Unternehmer hat die zu allen Prüfungen erforderlichen Arbeitskräfte, Geräte und Stoffe kostenlos und auf seine Gefahr bereitzustellen.

Durch die Beaufsichtigung und Abnahme übernimmt die Polizeiverwaltung keine Gewähr für die Güte und dauernde Haltbarkeit der Anlage.

C. Anschluß an den Straßenkanal.

§ 20.

Zwang zum Anschluß an den Straßenkanal.

1. Alle bebauten Grundstücke an Straßen (Wegen, Plätzen), in denen ein öffentlicher städtischer Kanal vorhanden ist oder bei fortschreitender Kanalisation hergestellt wird, müssen zum Zweck ihrer Entwässerung an diesen Kanal angeschlossen werden. Diese Verpflichtung tritt für bisher unbebaute, an kanalisierten Straßen liegende Grundstücke dann ein, wenn darauf ein Gebäude errichtet wird.

2. Bei bebauten Grundstücken, die an mehreren Straßen liegen, muß der Anschluß erfolgen, wenn auch nur in einer dieser Straßen ein öffentlicher städtischer Kanal vorhanden ist.

3. Der Anschluß unbebauter Grundstücke an den Kanal kann von der Polizeiverwaltung gestattet werden. Er muß erfolgen, wenn die Abwässer nicht aus reinem Regenwasser bestehen und ihre Ableitung sonst in Gruben oder dergleichen erfolgen müßte.

4. Die Polizeiverwaltung ist befugt, in außergewöhnlichen Fällen von dem Anschlusse abzusehen.

§ 21.
Zahl der Anschlußleitungen jedes Grundstücks an den Straßenkanal.

Mit Ausnahme des Falles, wo zur Ableitung des Regenwassers besondere Regenkanäle bestehen, darf jedes Grundstück nur eine Anschlußleitung an den Straßenkanal erhalten. Die Polizeiverwaltung ist jedoch befugt, unter besonderen Umständen mehrere Anschlußleitungen für dasselbe Grundstück zuzulassen.

§ 22.
In den Straßenkanal abzuführende Abwässer.

1. Alle Abwässer der zum Anschluß an den Straßenkanal verpflichteten Grundstücke müssen vorbehaltlich der nachstehenden Vorschriften in den Straßenkanal abgeführt werden.

2. Wo der Straßenkanal nicht auch zur Ableitung des Regenwassers bestimmt ist, muß dieses durch besondere Anschlußrohre in den dafür bestimmten Regenkanal, in Ermangelung eines solchen aber unter dem Bürgersteig her in die Straßenrinne abgeleitet werden. Für die Ableitung in die Straßenrinne ist die Zustimmung der städtischen Tiefbauabteilung erforderlich.

3. Für die Ableitung von Kondensationswässern oder Abwässern aus Fabriken, hydraulischen Betrieben oder Wasserreinigungsanlagen ist ausdrück-

lich die Genehmigung der Polizeiverwaltung ein-
zuholen. Diese wird nur mit Zustimmung der städtischen Tiefbauabteilung und jederzeit widerruflich
erteilt und kann versagt oder an die Erfüllung besonderer Bedingungen geknüpft werden, die im Einzel-
fall vorgeschrieben werden.

4. Verboten ist die Abführung von festen Stoffen
und von Ablagerungen verursachenden Abwässern
irgendwelcher Art, namentlich von Küchenabfällen,
Kehricht, Asche, Sand, Schutt, Lumpen, sowie von
feuergefährlichen, explosionsfähigen und solchen
Stoffen (z. B. Säuren), welche die Kanalanlagen
beschädigen können.

5. Die menschlichen Abgänge müssen in den
Straßenkanal eingeführt werden:

a) von den Grundstücken an denjenigen Straßen,
deren Kanäle mit der Kläranlage in Verbindung
stehen;

b) von den Grundstücken, wo dies zwar nicht der
Fall ist, aber die Polizeiverwaltung aus besonderen, namentlich aus gesundheitspolizeilichen
Gründen die Abführung im Einzelfalle an-
ordnet.

Auch in andern Fällen kann die Polizeiverwaltung die Abführung der menschlichen Abgänge in
den Straßenkanal auf Widerruf zulassen.

Im übrigen darf die Abführung dieser Abgänge
in den Straßenkanal nicht stattfinden.

§ 23.
Aufforderung zur Herstellung des Kanalanschlusses.

Einer besonderen Aufforderung zur Herstellung
des Anschlusses an den Straßenkanal bedarf es nur
dann, wenn in Straßen, wo bisher kein Straßenkanal vorhanden war, ein solcher neu angelegt wird,
oder wenn Kanäle, welche bisher mit der Kläranlage
nicht in Verbindung standen, mit ihr verbunden
werden, so daß der in § 22 Nr. 5a vorgesehene Fall
eintritt.

§ 24.
Herstellung des Kanalanschlusses.

1. Die Eigentümer oder die Verwalter der an den betreffenden Straßen belegenen, zum Anschluß verpflichteten Grundstücke müssen der Polizeiverwaltung innerhalb der bei Aufforderung (§ 24) von der Polizeiverwaltung zu bestimmenden Frist einen vollständigen Antrag auf Erteilung der baupolizeilichen Erlaubnis zur Herstellung des Kanalanschlusses nebst Hausentwässerungsanlage einreichen und die Anlage innerhalb sechs Wochen nach Herstellung der Anschlußleitung auf der Straße ausführen.

2. Die Ableitung der Abwässer in den Straßenkanal darf jedoch nicht früher als eine Woche nach Fertigstellung der Anschlußleitung auf der Straße beginnen.

§ 25.
Beseitigung vorhandener Entwässerungseinrichtungen.

Sobald die Entwässerung eines Grundstücks in den Straßenkanal erfolgt, müssen alle bestehenden oberirdischen und unterirdischen Entwässerungseinrichtungen auf dem Grundstück, auch wenn solche in die Straße reichen, beseitigt werden, soweit sie nicht Teile der an den Kanal angeschlossenen Anlage geworden sind. Alle zur Aufnahme von Gebrauchs- und Niederschlagswässern benutzten Behälter und, sofern die Aborte an den Straßenkanal angeschlossen sind, auch die Abortgruben, sind vollständig zu reinigen, zu desinfizieren und mit reinem Sandboden oder Kies zu füllen; auch dürfen solche Anlagen von diesem Zeitpunkt ab nicht mehr gemacht werden. Abweichungen von diesen Vorschriften können zugelassen werden, wenn besondere, namentlich gesundheitliche Bedenken nicht vorliegen.

§ 26.
Strafbestimmungen.

Übertretungen der Vorschriften dieser Polizeiverordnung, insbesondere die Verwendung minderwertiger Rohre, werden, insofern nicht nach den bestehenden Gesetzen und Verordnungen eine höhere Strafe verwirkt ist, mit einer Geldstrafe bis zu 30 Mk. oder im Unvermögensfalle mit entsprechender Haft bestraft.

Außerdem sind Anlagen und Veränderungen, die vorschriftswidrig ausgeführt wurden, abzuändern oder zu beseitigen.

Für die Innehaltung der Vorschriften sind sowohl der Bauherr als auch der Ausführende in gleichem Maße verantwortlich.

Für die Einführung der N.A.Rohre Modell 1905 wird eine Übergangszeit von 6 Monaten vom Tage des Inkrafttretens dieser Polizeiverordnung bewilligt.

§ 27.
Frühere Vorschriften.

Diese Polizeiverordnung tritt an Stelle der Polizeiverordnung vom 2. Juli 1901.

§ 28.
Inkrafttreten.

Diese Polizeiverordnung tritt mit dem Tage ihrer Verkündigung in Kraft.

Cöln, den 9. September 1913.

Städtische Polizei-Verwaltung.

Der Oberbürgermeister. I. V.: Dr. Wirsol.

In doppelter Ausfertigung.

Ent
für da

Grundriß.

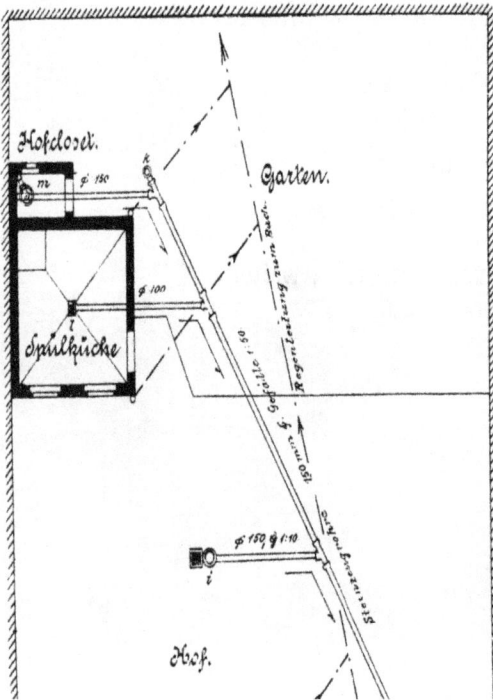

Hofcloset.

m φ 150

Garten.

φ 100

Spülküche

φ 150 φ 1:10

Regenleitung zum Bach.

Gefälle 1:50

150 Gefälle 1:50

Straßenkanal

Hof.

...anlage

...k Jägerstr.

Verkleinerung eines 55/52 cm großen Entwässerungsprojektes.

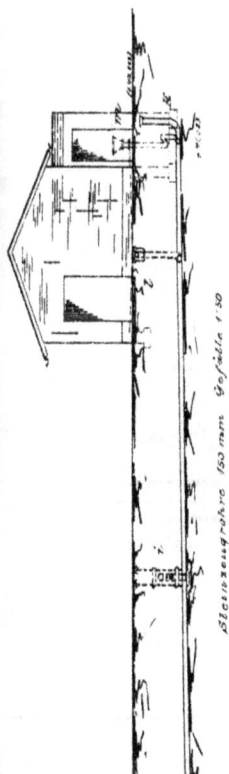

Steinzeugrohre 150 mm Gefälle 1:50

Erläuterung.

a Revisionsschacht

I. Hauptgebäude.

b Bodeneinlauf im Keller
c Wasser-Closet } parterre
d Küchen-Ausguß
e Badewanne } I. Etage
f Waschtoilette
g Ausguß   II. Etage

II. Hof.

h Spülstutzen
i Hofsinkkasten
k Spülstutzen

III. Nebengebäude.

l Bodeneinlauf
m Hof-Wassercloset

Lageplan.

1 : 500.

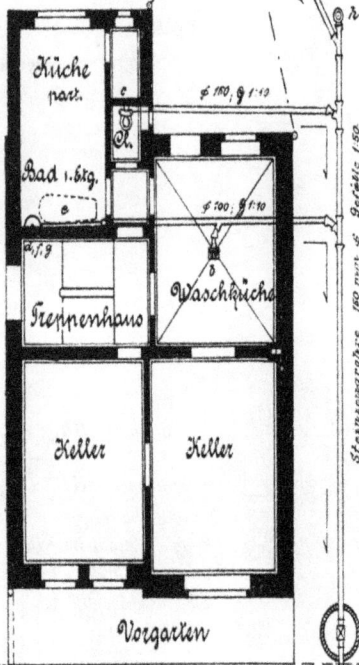

Küche
part.

Bad 1.Stg.

Treppenhaus

Waschküche

Keller

Keller

Vorgarten

Bürgersteig

Jäger - Strasse

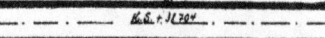

Profil 10/955   Gefälle 1:500

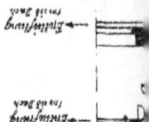

Bach

Steinzeugrohre 150 mm Gefälle 1.50

No 9   No 10   No 11

Jäger - Strasse

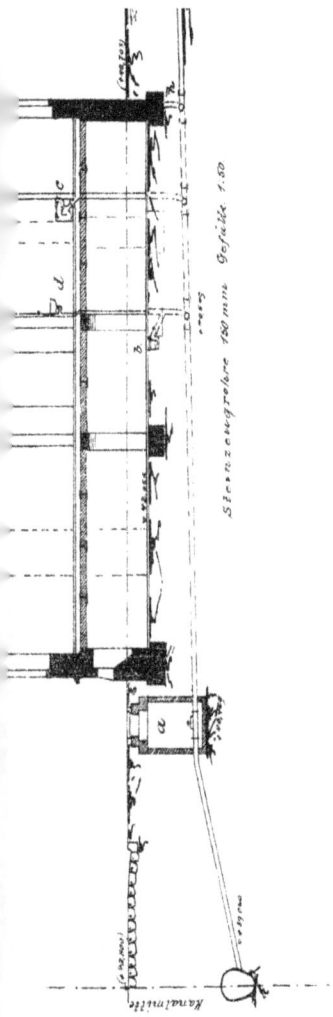

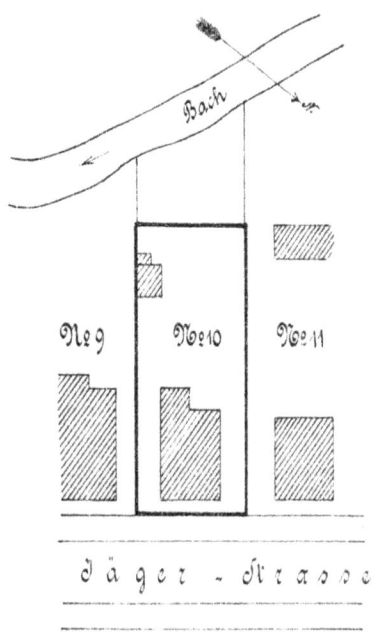

Ort und Datum
Der Bauherr oder dessen Vertreter
Der Unternehmer

Entw. u. gez. v. Ing. M. Albert.

Verlag von R. Oldenbourg, München und Berlin.

Verlag R. Oldenbourg, München und Berlin

Grundwasserdichtungen, Isolierungen gegen Grundwasser

und aufsteigende Feuchtigkeit. Die Isolierungsarbeiten in Theorie und Praxis von **Fritz Bergwald**, Zivilingenieur. VI und 101 Seiten. 8°. Mit 45 Abb. und 1 Anhang. Geh. M. **3.—**

Das vorliegende Werk, das eine fühlbare Lücke in der technischen Literatur ausfüllt, orientiert in eingehender Weise über die verschiedenen Abdichtungsarten. . . . Die Anschaffung kann allen Interessenten empfohlen werden. [Tiefbau.]

. . . Dem ausführenden Ingenieur dürfte das kleine Buch wertvolle Dienste leisten.

[Journal für Gasbeleuchtung und Wasserversorgung.]

Grundlagen zur Berechnung von Wasserrohrleitungen.

Von Dr.-Ing. **B. Biegeleisen**, Privatdozent a. d. Techn. Hochschule in Lemberg (Österreich) und **R. Bukowski**, Ingenieur in Lemberg. Sonderabdr. a. d. »Gesundheits-Ingenieur«, herausgegeben von Geh. Reg.-Rat E. v. B o e h m e r , Berlin-Lichterfelde-West. 37 Seiten. 4°. Geh. M. **1.50**

Leitfaden für die Abwasserreinigungsfrage. Von Professor

Dr. **Dunbar**, Direktor des Staatl. Hygien. Instituts Hamburg. (Oldenbourgs Techn. Handbibliothek Bd. XVII.) Zweite Auflage. VII u. 643 Seiten. 8°. Mit 257 Abb. In Leinw. geb. M. **16.—**

Der Gesamteindruck ist, daß dieses Werk augenblicklich das beste deutsche Buch über Abwasserfragen ist und daß es auch die englischen Werke in mancher Hinsicht übertrifft. Niemand, der sich mit Abwasserfragen beschäftigt, wird das Buch entbehren können. [Gesundheits-Ingenieur.]

Neuzeitliche Wasserversorgung in Gegenden starker Be-

völkerungsanhäufung in Deutschland. Eine wirtschaftlich-technische Untersuchung von Dr.-Ing. **A. Heilmann**, Regierungsbaumeister. VIII u. 160 Seiten. 8°. Mit 21 Abb. und 2 Tafeln. Geh. M. **5.50**

Ein von großem Fleiß und eingehender Überlegung zeugendes Werk. . . . Meines Wissens ist der Verfasser wohl der erste, der diese hochwichtige Frage eingehend beleuchtet, und darum verdient sein Werk besondere Anerkennung. . . . Zahlreiche Tabellen und Zeichnungen sind dem Werke beigegeben und erhöhen seinen Wert. [Dr.-Ing. Thiem in der Internationalen Zeitschrift für Wasserversorgung.]

Das städtische Gasrohrnetz, seine Berechnung, sein Bau

und Betrieb. Von **Paul Brinkhaus**, Ingenieur. (Oldenbourgs Technische Handbibliothek Bd. XVIII.) VIII u. 134 Seiten. 8°. Mit 22 Tabellen. 69 Abb. 20 Rechnungsbeispielen und Tafeln. Geb. M. **5.—**

. . . Die Aufgabe, die sich der Verfasser gestellt hat, in erster Linie dem Praktiker zu dienen, ist ihm in hervorragender Weise gelungen. Die für die einzelnen Berechnungen angegebenen Gleichungen sind so geformt, daß sie leicht angewandt werden können. Dem gediegen ausgestatteten Werk ist zur Erläuterung des Textes eine Anzahl von Tabellen u. Abbildungen beigegeben.

Wir können die Arbeit den Ingenieuren u.Technikern des Gasfaches angelegentlichst empfehlen. [Die Röhren-Industrie.]

Verlag R. Oldenbourg, München und Berlin

Das Rohrnetz städtischer Wasserwerke, dessen Berechnung,
Bau und Betrieb. Von **Paul Brinkhaus**, Ingenieur. (Oldenbourgs
Technische Handbibliothek Bd. XVI.) VIII u. 334 Seiten. 8⁰.
Mit 34 Tabellen, 182 Abb., 13 Tafeln und zahlreichen Rechnungs-
beispielen.   In Leinw. geb. M. 9.—

Das vorzügliche Handbuch zeichnet sich durch große Klarheit
und Übersichtlichkeit aus und ist, ohne auf schwierige theo-
retische Fragen einzugehen, gerade für den projektierenden und
ausführenden Ingenieur, wie auch für Studierende bei den Kon-
struktionsübungen von größtem Werte.
[Österr. Wochenschr. f. d. öffentl. Baudienst.]

Taschenbuch für Kanalisations-Ingenieure. Von Dr.-Ing.
K. Imhoff. (Berechnungen und Zeichnungen von O. Bernards.)
Zweite Auflage. IV u. 25 Seiten. kl. 8⁰. Mit 10 Tafeln.
Taschenformat, in biegsam Leinen geb. M. 2.80

. . . Durch seine präzisen Abhandlungen und wertvollen
graphischen Tafeln ist das kleine Werk ein beliebtes und zweck-
mäßiges Handbuch für Kanalisations-Ingenieure geworden. Die
neue Auflage hat zudem noch einige wertvolle Ergänzungen
erfahren, so daß ihr umfassendes Interesse seitens aller Fachleute sicher ist.   [Die Städtereinigung.]

Die Berechnung von Rohrnetzen städtischer Wasser-
leitungen. Von Dr.-Ing. **Hermann Mannes.** Zweite Auflage.
VI u. 53 Seiten. 8⁰. Mit 17 Abb. und 1 Tabelle. Geh. M. 2.—

. . . Ein ausführliches Literaturverzeichnis ermöglicht ein
eingehendes Studium der ganzen Wasserversorgungsfrage. Wir
können die Anschaffung des kleinen Werkes bestens empfehlen.
[Zentralblatt für Wasserbau und Wasserwirtschaft.]

. . . Die mit größtem Fleiße durchgeführte Arbeit sollte sich
kein Fachmann entgehen lassen.   [Städte-Zeitung.]

Die Grundwasser mit besonderer Berücksichtigung der
Grundwasser Schwedens. Von **J. Gust. Richert**, Dr. phil. h. c.,
vorm. Professor an der Kgl. Techn. Hochschule zu Stockholm.
V u. 106 Seiten. gr. 8⁰. Mit 69 Abb. u. 11 Tafeln. Geh. M. 4.50

. . . Die interessante und leicht verständliche Abhandlung
kann allen Praktikern und Interessenten der Wasserversorgung
nur bestens empfohlen werden.   [Wasser und Abwasser.]

. . . Textlich ist die Darstellung klar und deutlich gehalten
und gibt die Materie selbst jedem Wasserbauingenieur interessante Winke eines Praktikers, der auf Grund seiner reichen
Erfahrungen seinen Teil zu der Lösung der mitunter recht ver-
wickelten Grundwassertheorien beiträgt.
[Journal f. Gasbeleuchtung.]

Über einige im Kriege wichtige Wasserverhältnisse des
Bodens und der Gesteine (für Geologen, Pioniere, Truppenoffiziere und Truppenärzte). Von Professor Dr. **Wilh. Salomon.**
50 Seiten mit 3 Abb. kl. 8⁰. 1916.   Geh. M. 1.20

Die vorliegende Schrift soll nicht nur die Geologen, sondern
vor allem die Pioniere, Truppenoffiziere und Truppenärzte mit
gewissen Wasserverhältnissen vertraut machen, die für die
Kriegführung von Bedeutung sind.

Verlag R. Oldenbourg, München und Berlin

Journal für Gasbeleuchtung

und verwandte Beleuchtungsarten sowie für Wasserversorgung

Organ des Deutschen Vereins von Gas- und Wasserfachmännern

Herausgeber und Chef-Redakteur:

Geheimer Rat Dr. H. Bunte

Professor an der Techn. Hochschule in Karlsruhe

Jährlich 52 Hefte
Preis für den Jahrgang M. 20.—; halbjährlich M. 10.—

Das Journal für Gasbeleuchtung und verwandte Beleuchtungsarten sowie für Wasserversorgung, Organ des Deutschen Vereins von Gas- und Wasserfachmännern, steht nun in seinem 58. Jahrgang. Es behandelt nicht nur die Kohlengasbeleuchtung und Wasserversorgung, auf welchen Gebieten es unter den Publikationen aller Länder eine führende Stelle einnimmt, in ihrem ganzen Umfange, sondern gibt auch eingehende Informationen über die verwandten Beleuchtungsarten, Azetylen, Petroleum, Spiritusglühlicht, Luftgas sowie elektrische Beleuchtung. Auch die Hygiene wird, soweit sie im Hinblick auf die Beleuchtung, Wasserversorgung, Städtereinigung usw. in Betracht kommt, in gebührender Weise berücksichtigt. — Besondere Aufmerksamkeit wird allen bewährten und aussichtsreichen Neuerungen im Installationswesen, sowohl auf dem Gebiete der Licht- als der Wasserversorgung, gewidmet.

Über die Tätigkeit der einschlägigen Fachvereine wird in umfangreicher, nach Bedürfnis in ganz ausführlicher Weise berichtet. In dem Abschnitte »Literatur« wird ein vollständiger Überblick über die in verwandten Zeitschriften erscheinenden wissenschaftlichen Arbeiten und Berichte über technische Neuerungen gegeben, welche unsere Leser interessieren. Ergänzt werden diese Berichte durch fortlaufende Veröffentlichung von Auszügen aus den Patentschriften, soweit sie die Verwendung von Leuchtgas, Azetylen etc. und Wasser betreffen.

Unter der Überschrift »Statistische und finanzielle Mitteilungen« berichtet das Journal über die Betriebsergebnisse der Gas- und Wasserwerke, wie der größeren Elektrizitätswerke, der Gesellschaften und der Industrien, welche unsern Fächern nahestehen; es verzeichnet alle Projekte, Neubauten, Erweiterungen, Umbauten, Inbetriebnahme, An- und Verkäufe von Gas- und Wasserwerken, ferner Unglücksfälle, Erlasse von Gesetzen und Verordnungen, Gerichtsurteile u. a. m.

Besonderen Wert legt das Journal auch auf die Pflege des persönlichen Zusammenhanges unter den Fachgenossen durch Mitteilungen über Vorkommnisse persönlicher Art. Unter der Überschrift »Korrespondenz« und im »Brief- und Fragekasten« wird den Lesern Gelegenheit zu freier Aussprache und zu jeder wünschenswerten Information auf fachlichem Gebiete gegeben.

Probenummern kosten- und portofrei